# Darstellung

der

# populären Astronomie.

Mit besonderer Rücksicht auf den Gebrauch
bei Vorlesungen.

Von

Moriz A. Stern.

Berlin, 1834.

Im Verlag bei G. Reimer.

# Vorrede.

Der Wunsch des Verfassers, seinen Zuhörern ein Buch darzubieten, welches seine Vorlesungen über die populäre Astronomie ergänzen, und an die vorgetragenen Lehren wieder erinnern könnte, gab die erste Veranlassung zur Ausarbeitung der folgenden Blätter. Ihr nächster Zweck ist, sowohl die hauptsächlichsten Lehren der Astronomie in gedrängter Kürze darzustellen, als auch eine Uebersicht der wichtigsten Schriften und Aufsätze zu geben. Zugleich sind die numerischen Bestimmungen, die hier eine so große Rolle spielen, nach den zuverlässigsten Angaben mitgetheilt worden, was in den Vorlesungen nicht geschehen kann, wenn man nicht die denselben bestimmte Zeit, durch das, dem Lehrer wie dem Zuhörer, gleich lästige Dictieren, verderben will. Häufig wird man in diesem Buche die Größen blos in runden Zahlen bestimmt finden, während sie in anderen Büchern bis auf einzelne Einheiten angegeben sind; dies ist jedoch mit gutem Vorbedachte geschehen. Es ist nemlich nicht zu verkennen, daß man in neuerer Zeit, in den verschiedenen Zweigen der Naturwissenschaft, einen überflüssigen Luxus mit den Zahlenbestimmungen getrieben hat. So findet man nicht selten die chemischen

Mischungsverhältnisse bis auf Milliontel angegeben, während die Tausentel noch unsicher sind; so wird der Durchmesser der Sonne bis auf einzelne Meilen (wenn nicht gar Fuße) angegeben, während man zufrieden seyn könnte, wenn er bis auf hundert Meilen genau bestimmt wäre. Der Mathematiker weiß freilich, daß diese scheinbar genauen Angaben nur das Resultat der Verknüpfung verschiedener Größenbestimmungen sind, die man auf irgend eine Weise gemessen hat, und daß die bei den Messungen unvermeidlichen Fehler, auch nothwendig auf das Resultat Einfluß haben müssen. Er wird die Genauigkeit des Resultates nach den Gränzen, innerhalb welcher die Messungsfehler liegen, zu schätzen wissen. Wem dagegen diese Einsicht fehlt, der wird zu der irrigen Ansicht verleitet werden, als seyen die Zahlenangaben unfehlbar richtig (und warum sollte man sie auch sonst mittheilen?), da er ohnehin in der Regel eine vorgefaßte Meinung von der Untrüglichkeit der Aussprüche des Mathematikers mitbringen wird. Findet er alsdann, daß verschiedene Schriftsteller bei ihren Angaben in den letzten Ziffern nicht übereinstimmen, so wird er dies unbegreiflich finden, und nicht wissen, welchem derselben er sein Zutrauen schenken soll. Es ist daher besser, offen zu gestehen, daß die Genauigkeit der mathematischen Bestimmungen, wenn diese sich auf Empirie, auf Messungen, stützen, immer ihre, freilich oft sehr engen, Gränzen hat, und daß sie, wenn man aus diesen Gränzen heraustritt, ihre Sicherheit verliert.

Ist freilich Manches, dessen weitere Ausführung den Vorlesungen überlassen bleibt, nur kurz angedeutet worden, so hat sich der Verfasser dennoch bestrebt, auch denjenigen, welchen die Gelegenheit, mündlichen Unterricht zu empfangen, fehlt, ein Hülfsmittel an die Hand zu geben, um sich mit den Grundlehren der Astronomie und dem Wesen der Himmelskörper bekannt zu machen. Freilich scheint es eine nutzlose Arbeit zu seyn, wenn man die Legion von Büchern, die zu ähnlichem Zwecke geschrieben sind und fast täglich geschrieben werden, noch um eins vermehren will. Indessen wird jeder, der hierin Erfahrung hat, wissen, wie häufig die Klagen über die Unzulänglichkeit der meisten dieser Schriften sind. Wirklich scheint es auch nicht ganz leicht zu seyn, bei der populären Darstellung astronomischer Lehren die Gründlichkeit mit der Faßlichkeit auf die rechte Weise zu verbinden. Viele Schriftsteller, und gerade die besten, die besonders die Gründlichkeit im Auge hatten, wurden hierdurch verleitet, tiefer in die mathematischen Lehren einzugehen, als sie es, nach Maßgabe der Vorkenntnisse, die sie bei dem Leser voraussetzen mußten, billiger Weise durften. Der Leser, der nur auf eine populäre Darstellung gefaßt ist, sieht sich plötzlich von mathematischen Formeln, von ihm ganz unbekannten Ausdrücken, wie Sinus, Logarithme u. s. w., umringt, mit welchen er sich vielleicht einige Zeit abquälen und zuletzt müde das Buch bei Seite legen wird. Andere, welche diesen Fehler vermeiden wollten, haben die Gründlichkeit ganz aufgeopfert, und sie durch poetische Declamationen zu ersetzen gesucht, so daß ihre Darstellung der Astronomie nicht selten in eine sentimentale Reise durch den Himmel ausgeartet ist. In wiefern es dem Verfasser gelungen ist, hier die rechte Mitte zu halten, mögen die Kenner beurtheilen. Es werden von dem Leser keine weiteren Vorkenntnisse gefordert, als die einfachsten Begriffe der Geometrie und Arithmetik. Wer indessen die ersten Betrachtungen noch zu abstract findet, der kann die Lectüre bei §. 37. beginnen, und wird sich hoffentlich noch immer auf diese Weise eine deutliche Einsicht in die Topographie des Himmels verschaffen können.

Von den Mondcharten der Herren Mädler und Beer, die S. 67. erwähnt sind, ist unterdessen die erste Lieferung, die den vierten Theil der sichtbaren Mondfläche umfaßt, unter dem Titel

„Mappa selenographica totam lunae hemisphaeram visibilem complectens etc. auct. Guil. Beer et J. H. Mädler, Berolin. 1834"

erschienen. Sie entspricht den Erwartungen vollkommen; viele Gegenstände, die bisher unbemerkt geblieben waren, sind darin aufgenommen worden. Die übrigen drei Blätter sollen bald nachfolgen.

Göttingen, im September 1834.

# Inhalt.

1.

Die Astronomie beschäftigt sich mit der Betrachtung der Körper, die sich außerhalb der Erde und ihres Luftkreises befinden. Sie untersucht besonders ihre Bewegung, ihre Größe, ihren Abstand von uns und ihre physische Beschaffenheit. Der Astronom sieht sich bald genöthigt, auch die Erde in den Kreis seiner Untersuchungen zu ziehen, jedoch überläßt er die genauere Untersuchung ihres Baues besondern Wissenschaften, der Geographie, Geognosie u. s. w. Die Astronomie ist daher, indem sie in der Natur vorkommende Körper betrachtet, eine physikalische Wissenschaft, und zwar, ihrem Grundwesen nach, eine völlig populäre. Denn um ihre Hauptgesetze zu entdecken, hat man nicht, wie bei den meisten physikalischen Untersuchungen, nöthig, gewisse Körper in gewisse Zustände zu versetzen, vielmehr zeigt der bloße Anblick des gestirnten Himmels jedem unbefangenen Beobachter, bei einiger fortgesetzten Aufmerksamkeit, von selbst die wichtigsten Erscheinungen und ihre Gesetze. In ihrer weiteren Entwickelung bedarf jedoch die Astronomie theils feinerer Beobachtungsmittel als sie das bloße Auge bietet — mit diesen beschäftigt sich die praktische Astronomie — theils, wie die Physik überhaupt, der Hülfe der Mathematik und zwar häufig der höchsten Theile derselben; diese Untersuchungen bilden die theoretische Astronomie. Die populäre Astronomie benutzt die Resultate der praktischen und der theoretischen Astronomie und stellt sie auf eine gemeinfaßliche Weise dar, ohne in eine genauere Betrachtung der Beobachtungswerkzeuge und in den höheren Calcul einzugehen.

Ueber die verschiedenen Darstellungen der populären Astronomie.

Besonders empfehlenswerthe Schriften über die populäre Astronomie sind:

F. T. Schubert, populäre Astronomie, 3 Bände. 1r Bd. 1804, 2r u. 3r Bd. 1810.

H. W. Brandes, die vornehmsten Lehren der Astronomie, 4 Theile. 1r 2r 3r Thl. 1811 — 1813, 4r Thl. 1816.

H. W. Brandes, Vorlesungen über die Astronomie, 2 Bde. 1827.

Biot, astronomie physique, éd. 2. 3 Tom. T. 1 1810, T. 2 u. 3 1811.

J. J. Littrow, populäre Astronomie, 2 Bde. 1825.

Fries, populäre Vorlesungen über die Sternkunde, 2te Aufl. 1833.

J. F. W. Herschel, a treatise on astronomy. 1833. Von diesem Werke ist auch bereits eine deutsche Uebersetzung angekündigt.

Alle diese Werke setzen mehr oder weniger elementare mathematische Kenntnisse voraus. Ohne alle Beihülfe der Mathematik kann man

Dr. G. H. Schubert's Lehrbuch der Sternkunde für Schulen und zum Selbstunterrichte, 2te Aufl. 1832.

lesen. Dagegen erfüllt

J. A. L. Richter's Handbuch der populären Astronomie, für die gebildeten Stände und besonders für denkende, wenn auch der Mathematik nur wenig oder gar nicht kundige Leser. 2 Thle. 1831 u. 1832.

nicht ganz seinen Zweck, und es muß das Studium dieses an sich recht guten Buches Allen, die nicht einige analytische und geometrische Vorkenntnisse besitzen, widerrathen werden.

2.

Im Folgenden soll die Methode befolgt werden, die man bei allen Untersuchungen über Naturgegenstände anwenden muß. Man muß nemlich zuerst, ohne vorgefaßte Meinung und ohne irgend einer Hypothese zu huldigen, die Erscheinungen beobachten, man muß alsdann die ähnlichen Erscheinungen in Klassen zusammenstellen, und zuletzt nach der Ursache der Erscheinungen forschen.

3.

Bei der Betrachtung der Erscheinungen am Himmel wird man am natürlichsten von den alltäglichen anfangen. Der interessanteste Moment, der sich hier darbietet, ist der Untergang der Sonne. Es ist hier zunächst nur von unsern Gegenden die Rede, wofür ganz Europa genommen werden kann. Bald nachdem die Sonne untergegangen ist, zeigen sich an verschiedenen Stellen des Himmelsgewölbes leuchtende Puncte, die wir Sterne nennen; zuerst größere und später immer kleinere und kleinere, bis nach einer gewissen Zeit keine weiter sichtbar werden. Sie haben alle eine der der Sonne ähnliche Bewegung von Osten nach Westen; manche, die anfangs unsichtbar waren, kommen an der östlichen Seite des Himmels herauf und bewegen sich bis nach der westlichen, wo sie verschwinden, andere verschwinden gar nicht, sondern bleiben während ihres ganzen Laufes sichtbar. Die meisten dieser Sterne behalten, während dieser Bewegung, denselben Abstand von einander, diese nennt man Fixsterne; andere dagegen rücken von den Sternen, bei welchen sie anfangs standen, weg und zu anderen hin, sie heißen theils Planeten, theils Kometen.

Geht die Sonne auf, so verschwinden die Sterne und zwar zuerst die kleineren und dann allmälich die größeren und größten. In tiefen Gruben und bei Sonnenfinsternissen kann man sie jedoch auch am Tage sehen. Dies beweist, daß sie uns am hellen Tage nur wegen des Glanzes der Sonne unsichtbar sind, und dies erklärt zugleich, warum wir bei Sonnenuntergang zuerst nur die größeren sehen.

## 4.

Bleibt man zunächst nur bei Betrachtung der Fixsterne stehen, so drängen sich drei Fragen auf:

1) Sind sie an dem Orte, an welchem wir sie sehen?
2) Haben sie die Größe, in welcher wir sie sehen?
3) Haben sie die Bewegung, die wir sehen?

Unser Auge giebt uns unmittelbar über die Entfernung, den Ort irgend eines Gegenstandes keinen Aufschluß, sondern es giebt nur die Richtung an, in welcher sich der Gegenstand befindet. Nur bei nahen Gegenständen lernen wir von früher Jugend an und mit Hülfe des Tastsinns aus dem Anblick des Gegenstandes auf dessen Entfernung schließen, sobald aber diese Entfernung ungewöhnlich groß wird, so wird dieses Urtheil unsicher. Scheint uns daher die Erde an ein Gewölbe zu gränzen, an welchem sich die Sterne befinden, und scheinen diese beim Auf- und Untergehen an die Erde zu streifen, so kann dies auch Täuschung seyn, und diese Vermuthung wird zur Gewißheit, sobald man weiß, daß die Erde nirgendwo an einen andern Körper angränzt, sondern ein gekrümmter, frei in der Luft schwebender Körper ist, was besonders durch die Umsegelung der Erde nach allen Richtungen dargethan ist. Wir sind aber gewohnt, uns alle entfernten Gegenstände als auf dem Grunde befindlich zu denken, der sich ebenfalls in der Ferne zeigt; daher versetzen wir die Sterne an das durch unsere Atmosphäre gebildete Himmelsgewölbe.

Warum die Erde nicht fällt?

Giebt das Auge keinen Aufschluß über die Entfernung der Fixsterne, so folgt daraus von selbst, daß es auch Nichts über ihre wahre Größe angeben kann, weil diese immer aus der sichtbaren abgeleitet werden muß, die sichtbare aber sich mit der Entfernung ändert. Dennoch aber kann man sich a anderem Wege wenigstens davon überzeugen, daß die Fixsterne sehr entfernt und sehr groß seyn müssen. Wenn man die Entfernung eines Gegenstandes von einem Standpuncte A wissen will, so kann man sich folgendes Mittels bedienen. Man zieht eine Linie AB (Fig. 1.) und bestimmt die Richtungen der Linien AC und BC; aus der bekannten Größe der Linie AB und den Winkeln, die bei A und B entstehen, kann man alsdann mittelst leichter geometrischer Betrachtungen die Größe der Linie AC finden. Der Anblick der Zeichnung zeigt, daß die Neigung der Linien, die von den Enden einer Linie AB nach einem Puncte, der sich außerhalb derselben befindet, gezogen werden, desto schwächer ist, je weiter dieser Punct von der Linie entfernt ist, immer aber wird sie merklich seyn, so lange nicht der Punct sich in außerordentlich großer

Entfernung von der Linie befindet. Der Vergleich der Fig. 1. und Fig. 2. zeigt auch, daß bei gleicher Entfernung des Punctes von der Linie die Neigung desto stärker ist, je größer die Linie ist. Will man aber die Entfernung eines Fixsterns von einem Puncte auf der Erde dadurch bestimmen, daß man auf derselben zwei Puncte A und B annimmt, von welchen aus man nach demselben Linien zieht, so findet man, daß diese Linien durchaus keine merkliche Neigung gegen einander haben, wenn auch die Puncte A und B noch so weit auseinander liegen. Hieraus folgt, daß die Fixsterne ungemein weit von der Erde entfernt seyn müssen, oder, mit anderen Worten, daß jede auf der Erde genommene Distanz gegen die Entfernung der Fixsterne nur wie ein Punct anzusehen ist. Da aber die Fixsterne in dieser großen Entfernung uns noch sichtbar sind, so folgt zugleich, daß sie sehr groß seyn müssen.

Was die Bewegung betrifft, so muß man bedenken, daß wir überhaupt nie eine Bewegung an und für sich sehen, sondern nur bemerken, daß zwei Gegenstände ihre Lage gegen einander ändern. Hieraus kann aber noch nicht abgeleitet werden, welcher der beiden Gegenstände sich wirklich bewegt und ob sich nicht beide bewegen. Der bloße Anblick kann also nicht darüber entscheiden, ob sich der Fixstern, oder unser Standpunct bewegt. Wenn daher im Folgenden von Bewegung der Fixsterne die Rede ist, so wird nur dem Sprachgebrauch nachgegeben, in Wahrheit aber wird darunter nur fürs Erste die Aenderung ihrer Lage gegen unseren Standpunct verstanden. Um diese Lage zu bestimmen, braucht man nicht den wahren Ort der Sterne, sondern nur die Richtung, in welcher sie sich in Beziehung auf unseren Standpunct befinden, zu messen, man kann daher dem Scheine nachgeben und sich vorstellen, es befänden sich alle Fixsterne an einer Kugel (Sphäre), in deren Mittelpunct wir stehen; daher nennt man den Inbegriff aller hierher gehörenden Untersuchungen **sphärische Astronomie**.

5.

Die Bewegung, als Beschreibung eines **Raumes** während einer darüber verfließenden **Zeit**, bedarf zu ihrer genaueren Bestimmung zweier Arten von Instrumenten, der Meßwerkzeuge und der Uhren.

Die genauere Erläuterung dieser Apparate so wie der Fernröhren und Teleskope bleibt den Vorlesungen überlassen.

Vermittelst dieser Instrumente hat man folgende Gesetze gefunden. Die Fixsterne bewegen sich in Kreisen, die untereinander parallel sind, und alle in derselben Zeit beschrieben werden. Die Bewegung ist völlig gleichförmig. Die Kreise werden immer kleiner und kleiner, je weiter sie von einem gewissen Kreise, der der größte ist und der **Aequator** heißt, auf beiden Seiten abstehen, und man kommt zuletzt auf beiden Seiten an einen Punct, der, wie man aus Analogie schließen kann, so beschaffen ist, daß, wenn sich in demselben ein Stern befände, der Kreis, den er beschriebe, sich auf einen Punct reducieren würde. Diese zwei Puncte nennt man die **Pole** des Himmels, den einen **Nordpol**, den anderen **Südpol**; sie stehen um die Hälfte des ganzen Himmelsgewölbes d. h. um 180 Grade von einander ab, der Aequator ist gleich weit von beiden entfernt, also von jedem um 90 Grade. Die gerade Linie, welche die Pole verbindet, nennt man die **Himmelsaxe**, sie geht durch unser Auge, da wir uns überall auf der Erde in der Mitte der Himmelssphäre befinden, sie enthält zugleich die Mittelpuncte aller von den Sternen beschriebenen Kreise.

6.

Die Bewegung der Fixsterne hat man wegen ihrer Gleichförmigkeit zum Zeitmaße gebraucht. Man nennt den Zeitraum, in welchem ein Stern seinen Kreis durchläuft, einen Sterntag, und theilt diesen Tag in 24 Stunden, jede Stunde in 60 Minuten, jede Minute in 60 Secunden.

Sternzeit, Sternuhren.

7.

Um die veränderliche Lage der Fixsterne genauer zu bestimmen, muß man dieselbe mit einer festen Richtung vergleichen. Eine solche bietet zunächst jeder durch ein Gewicht gespannter biegsamer Faden. Die unveränderliche Richtung, die ein solcher einnimmt, nennt man die verticale. Denkt man sich durch unseren Standpunct eine Verticallinie gezogen und nach beiden Seiten bis an die Himmelssphäre verlängert, so trifft sie dort über unserem Scheitel einen Punct, den man das Zenith (Scheitelpunct, Hochpunct), und unter unseren Füßen einen Punct, den man das Nadir (Fußpunct) nennt. Denkt man sich ferner durch unseren Standpunct eine Ebene gezogen, auf welcher die Verticallinie senkrecht steht, so nennt man diese Ebene die Horizontalebene, wird sie bis an das Himmelsgewölbe verlängert, so schneidet sie dasselbe in einem Kreise, den man den Horizontalkreis oder Horizont nennt, und theilt es in zwei Hälften, von welchen die eine über, die andere unter dem Horizonte liegt. Das Zenith steht, wie leicht einzusehen ist, vom Horizont um 90 Grade ab. Je nachdem man sich an einem anderen Orte der Erde befindet, hat man auch einen anderen Punct der Himmelssphäre über seinem Scheitel, die Richtung der Verticalen und die Lage der Horizontalebene wird daher eine andere seyn, d. h. an verschiedenen Orten der Erde werden verschiedene Theile der Himmelssphäre über und unter der Horizontalfläche liegen. Eine Ebene, die durch Zenith, Nadir und die Pole geht, schneidet die Himmelssphäre in einem Kreise, den man den Meridian nennt; dieser Kreis schneidet den Horizont in zwei Puncten, die sie verbindende Linie nennt man die Meridianlinie. Die Meridianebene, die durch die Himmelsaxe geht, theilt eben deswegen die Kreise aller Sterne in zwei Hälften, und da sie senkrecht auf dem Horizonte steht, so erreichen alle Sterne ihren höchsten Standpunct über dem Horizonte, wenn sie sich im Meridiane befinden. (Culmination).

8.

Die Lage eines Sternes ist völlig bestimmt, sobald man seine Höhe und sein Azimuth kennt. Die Höhe ist der Winkel, den eine Linie, die von unserem Standpuncte nach dem Sterne gezogen wird, mit dem Horizonte einschließt, das Azimuth ist der Winkel, den eine durch diese Linie gezogene verticale Ebene mit der Meridianebene macht. Hiernach ist die Höhe des Pols (die Polhöhe) die Neigung der Himmelsaxe gegen den Horizont.

Ueber die Bestimmung der Polhöhe.

## 9.

Durch diese Angaben würde aber die Lage des Sterns nur für den Augenblick der Beobachtung fixiert seyn, und diese Angaben würden nur für den Ort des Beobachters passen. Man hat es daher vorgezogen, die Lage der Sterne durch Richtungen zu bestimmen, die sich unmittelbar am Himmel nachweisen lassen und allen Astronomen ein gleichförmiges Mittel zur Bestimmung der Lage der Sterne bieten. Hierzu wählte man die Declination (Abweichung) und Rectascension (gerade Aufsteigung). Denkt man sich von unserem Standpuncte, als Mittelpunct der Himmelssphäre, einen Kreis durch den Pol und den Stern gezogen, der also den Aequator in einem Puncte trifft, so ist das Stück dieses Kreises (des Declinationskreises), das zwischen dem Sterne und dem Aequator liegt, die (südliche, nördliche) Declination des Sterns. Das Stück des Aequators, welches zwischen dem getroffenen Puncte und einem bestimmten Puncte auf demselben liegt, ist die Rectascension. Dieser bestimmte Punct ist der Frühlingspunct, dessen Bedeutung später erklärt wird.

Ueber die astronomische Bestimmung der Declination und Rectascension.

## 10.

Auch Sonne, Mond, Planeten und Kometen bewegen sich in Kreisen um die Himmelsaxe, doch ist die Lage dieser Kreise und die Zeit, in welcher sie beschrieben werden, nicht dieselbe wie bei den Fixsternen.

Tägliche Bewegung.

## 11.

Es giebt zwei Puncte auf der Erde, in welchen der Beobachter den Nordpol oder Südpol gerade über seinem Scheitel hat; diese Puncte nennt man Nordpol und Südpol der Erde, die sie verbindende Linie die Erdaxe. Es giebt auch eine Reihe von Puncten auf der Erde, in welchen der Beobachter den Aequator über seinem Scheitel hat, diese bilden den Aequator der Erde; alle Puncte, welche unter einem Meridian liegen, bilden einen Erdmeridian. Die Breite eines Ortes auf der Erde ist die Declination des Zeniths, sie ist daher der Polhöhe gleich, weil das Zenith von dem Horizonte ebensoweit absteht wie der Aequator vom Pole (§. 5 und 7, vergl. Fig. 3).

## 12.

Wiewohl die Fixsterne immer dieselbe Lage gegen einander behalten, so ändert sich doch der Anblick des Himmels in den verschiedenen Jahreszeiten. Zuweilen geht ein Stern auf, wenn die Sonne untergeht, an jedem folgenden Abend erscheint der Stern höher am Himmel, bis er endlich mit der Sonne zugleich untergeht, alsdann bleibt er eine Zeitlang unsichtbar, bis man ihn wieder in der Morgendämmerung erblickt, er geht alsdann jeden Tag früher als die Sonne auf, bis er endlich nach ungefähr 365 Tagen wieder aufgeht, wenn die Sonne untergeht. Stern und Sonne haben also nothwendig eine Bewegung gegen einander, oder wir haben eine Bewegung, durch welche die Lage derselben gegen einander geändert wird. Da sich aber die Lage der Sterne gegen einander nicht ändert, so läßt sich nur eine Bewegung der Sonne oder unseres Standpunctes annehmen. Schreiben wir vorläufig diese Bewegung der Sonne zu, so muß sie, neben der täglichen Bewegung von Osten nach Westen, noch eine andere, dieser entgegengesetzte, von Westen nach Osten haben, wodurch sie in ungefähr 365 Tagen eine Bahn am Himmel beschreibt. Um die Natur dieser Bahn zu bestimmen, muß man die Lage der Sonne in den verschiedenen Jahreszeiten kennen. Zu diesem Endzwecke bestimmt man, wie bei den Sternen, die Declination und Rectascension des Mittelpunctes der Sonne.

Genauere Erläuterung des hier anzuwendenden Verfahrens.

Die Beobachtung zeigt, daß um den 21. December die südliche Declination der Sonne am größten ist, sie nimmt alsdann ab, bis sie um den 21. März gänzlich verschwindet, dann wird sie nördlich und wächst bis zum 21. Juni, um welche Zeit sie am größten wird, sie nimmt alsdann ab bis zum 23. September, verschwindet um diese Zeit und geht in südliche Declination über, die immer größer wird, bis zum 21. December. Ihre Rectascension nimmt während dieser Zeit alle möglichen Werthe an. Hieraus folgt, daß die Sonne keinen mit dem Aequator parallelen Kreis durchläuft, vielmehr findet man, wenn man ihre Bahn während eines ganzen Umlaufs verfolgt, daß sie einen Kreis beschreibt, der den Aequator in zwei Puncten schneidet, die um 180 Grade von einander abstehen. Dieser Kreis heißt die **Ekliptik**. Die Neigung der Ebene der Ekliptik gegen die Ebene des Aequators heißt die **Schiefe der Ekliptik**.

Ueber die Bestimmung der Schiefe.

## 13.

Eine Linie, die in dem Mittelpuncte des Kreises der Ekliptik senkrecht auf der Ebene der Ekliptik stehend gedacht wird, heißt die Axe der Ekliptik. Die Puncte, in welchen diese Linie verlängert die Himmelssphäre trifft, heißen die Pole der Ekliptik (Nordpol, Südpol).

Man muß sehr oft die Lage der Sterne gegen die Ekliptik kennen, man bestimmt sie durch Breite und Länge. Unter Breite eines Sterns versteht man das zwischen dem Sterne und der Ekliptik enthaltene Stück eines Kreises, der durch die Pole der Ekliptik und den Stern geht. Das Stück der Ekliptik, welches zwischen dem Puncte, in welchem sie von dem Breitenkreise geschnitten wird, und dem Frühlingspuncte (d. h. dem Puncte, in welchem um den 21. März die Sonne den Aequator schneidet) enthalten ist, heißt die Länge des Sterns.

In der Regel leitet man Länge und Breite aus der bekannten Declination und Rectascension ab.

## 14.

Der Kreis der Ekliptik wird in 12 Theile oder Zeichen getheilt, so daß jedes 30 Grade umfaßt. Jeder dieser Theile hat seinen besonderen Namen und sein besonderes Zeichen, nemlich

| ♈ | ♉ | ♊ | ♋ | ♌ | ♍ |
|---|---|---|---|---|---|
| Widder. | Stier. | Zwillinge. | Krebs. | Löwe. | Jungfrau. |
| ♎ | ♏ | ♐ | ♑ | ♒ | ♓ |
| Wage. | Scorpion. | Schütz. | Steinbock. | Wassermann. | Fische. |

Thierkreis, Zodiakus. Ueber die Entstehung der Zeichen.

Diese Zeichen entsprechen gewissen Sterngruppen am Himmel, durch welche die Sonne geht. Vor ungefähr 2200 Jahren stand die Sonne um den 21. März bei den ersten Sternen des Widders. Allein man bemerkte bald, daß die Sternbilder nicht an demselben Orte blieben, sondern von Westen nach Osten zu rücken schienen, so daß jetzt die Sterne des Widders um 30 Grade vom Frühlingspuncte entfernt sind und ihre Stelle von Sternen der Fische eingenommen wird. Um Verwirrung zu vermeiden, sind die Astronomen übereingekommen, die alten Zeichen beizubehalten und Zeichen von Sternbild zu unterscheiden. So z. B. heißt das Zeichen des Widders der Raum vom ersten bis zum dreißigsten Grade der Ekliptik, den zur erwähnten Periode der Widder einnahm, das Sternbild des Widders dagegen sind die Sterne selbst, die das Bild des Widders ausmachen, und ebenso verhält es sich mit den übrigen Zeichen.

### 15.

Dieses Vorrücken bemerkt man aber auch bei allen übrigen Sternen und zwar auf folgende Weise. Hat man gerade Aufsteigung und Declination eines Sterns bestimmt, so findet man schon nach wenigen Jahren, daß sie sich geändert haben. Die gerade Aufsteigung wird immer größer und der Aequator geht nicht mehr durch dieselben Sterne. Die Länge der Sterne wird ebenfalls immer größer, und zwar bei allen Sternen auf gleiche Weise, dagegen ändert sich die Breite nicht. Es scheint also, als ob sich die Sterne mit der Ekliptik parallel vorwärts bewegten, oder als ob der Frühlingspunct zurückwiche. Diese Bewegung nennt man die Präcession. Sie beträgt jährlich $50\frac{1}{10}$ Secunden, oder in ungefähr 72 Jahren einen Grad.

Gewöhnlich wird Hipparch als der erste Entdecker der Präcession angesehen, nach neueren Untersuchungen sollen schon die Parsen diese Bewegung gekannt, und angenommen haben, daß sie in 100 Jahren einen Grad beträgt.

## 16.

Auch die Ekliptik hat eine Bewegung. Die Schiefe der Ekliptik hat, nach den vorhandenen Beobachtungen, seit der ältesten historischen Zeit fortwährend abgenommen, und zwar beträgt diese Abnahme in 100 Jahren ungefähr 46 Secunden. Daß die Bewegung der Ekliptik und nicht dem Aequator zugeschrieben werden muß, erhellt daraus, daß sie die Breite und nicht die Declination der Sterne ändert. Jetzt beträgt die Schiefe ungefähr 23 Grade 28 Minuten.

Genauere Bestimmungen von Bessel findet man in Schumacher's astron. Nachrichten für das Jahr 1828. Nr. 133.

## 17.

Von der jährlichen Bewegung der Sonne hängen die verschiedenen Jahreszeiten ab. Die Temperatur eines Ortes auf der Erde hängt nemlich sowohl von der Höhe ab, bis zu welcher sich die Sonne über den Horizont erhebt, als auch von der Dauer der Zeit, während welcher sie über dem Horizonte bleibt. Diese Höhe und Zeitdauer bestimmen sich aber aus der Lage des Horizonts gegen den Aequator und aus der Größe der Declination. Die Declination ändert sich freilich, während die Sonne die Ekliptik durchläuft, immer fort, aber man kann hier ohne Schaden annehmen, daß die Declination immer während einer täglichen Umdrehung der

Sonne dieselbe bleibt und sich nur von Tag zu Tag ändert, so daß also die Kreise, welche die Sonne in ihrer täglichen Bewegung beschreibt (§. 10), mit dem Aequator parallel sind. Hiernach läßt sich für alle Puncte auf der Erde leicht bestimmen, wie hoch die Sonne sich zu verschiedenen Zeiten über den Horizont erhebt, und wie groß das Stück ihres Kreises ist, das über dem Horizonte liegt. Hier genügen folgende Bemerkungen. Da der Horizont und der Aequator Kreise sind, die einen gemeinschaftlichen Mittelpunct haben, so theilen sie sich in zwei Hälften; es liegt also überall die Hälfte des Aequators über und die Hälfte unter dem Horizonte. Schneidet die Sonne den Aequator, wenn sie den 21. März in das Zeichen des Widders und den 23. September in das Zeichen der Wage tritt, so geschieht alsdann ihre tägliche Bewegung im Aequator selbst, also ist auf der ganzen Erde ebensolange Tag als Nacht; die Puncte, in welchen die Sonne den Aequator schneidet, heißen daher die Aequinoctialpuncte. In unseren (nördlichen) Gegenden erhebt sich die Sonne immer höher und bleibt länger über dem Horizonte, wenn sie auf die Nordseite des Aequators tritt, es beginnt der Frühling, daher heißt der Aequinoctialpunct des Widders der Frühlingspunct. Tritt die Sonne in das Zeichen der Wage, so bewegt sie sich nach der Südseite des Aequators, die Tage werden immer kürzer, der Herbst beginnt, daher heißt der Aequinoctialpunct der Wage der Herbstpunct. Mit dem 21. Juni, wenn die Sonne in das Zeichen des Krebses tritt, hat sie ihre größte nördliche Declination erreicht, dann ist der längste Tag und die Sonne scheint nun zum Aequator zurückzukehren, indem ihre Declination immer kleiner wird. Ebenso hat sie den 21. December, wenn sie in das Zeichen des Skorpions tritt, ihre größte südliche Declination erreicht, es ist der kürzeste Tag, und die Sonne scheint sich wieder dem Aequator zu nähern. Man nennt daher diese beiden Puncte der Ekliptik die Wendepuncte (Solstitialpuncte).

Ueber die Eintheilung der Erde in Zonen, über den Unterschied zwischen geographischem und physischem Klima, und Aehnliches kann in den Vorlesungen mehr gesagt werden.

18.

Im bürgerlichen Leben versteht man unter einem Jahre nicht die Zeit, welche die Sonne braucht, um zu demselben Sterne zurückzukommen, das siderische Jahr, sondern die Zeit, welche sie braucht, um zu demselben Aequinoctialpuncte zurückzukehren, das tropische Jahr. Die roheste Bestimmung gab dafür die Zeit von 365 täglichen Umläufen der Sonne oder Sonnentagen. Bald aber fand man, daß diese Angabe nicht genau sey, und bestimmte das tropische Jahr zu 365 Tagen, 6 Stunden. Daher traf Julius Cäsar die Einrichtung, daß immer drei Jahre aus 365 Tagen, das vierte dagegen aus 366 Tagen bestehen sollte.

Schaltjahr, 29. Februar, Julianischer Kalender, sothische Periode.

Aber auch diese Bestimmung war nicht genau, und es läßt sich überhaupt die Dauer des Jahres nicht genau angeben. Jedoch ist sie nicht viel von 365 Tagen, 5 Stunden, 48 Minuten, $47\frac{8}{10}$ Secunden oder $365\frac{24222}{100000}$ Tagen verschieden (Nach Bessel in Schumacher's astron. Nachr. 1828. Nr. 133). Die Julianische Bestimmung nahm also das Jahr um ungefähr 11 Minuten $12\frac{2}{10}$ Secunden zu groß an, dies macht in ungefähr 129 Jahren einen Tag aus. Daher bemerkte man, daß im Jahre 1582 die Aequinoctien um 10 Tage früher eintrafen als zur Zeit des niceischen Conciliums im Jahre 325. Um diesen Unterschied auszugleichen, befahl Pabst Gregor XIII., daß man, mit Beibehaltung des Julianischen Kalenders, statt des 5. Octobers 1582, den 15. October 1582 schreiben sollte, so daß also im nächsten Jahre 1583 die Aequinoctien nicht wieder auf den 11., sondern auf den 21. März eintrafen. Um aber in Zukunft einer ähnlichen Anhäufung des Fehlers vorzubeugen, wurde angenommen, daß die Julianische Bestimmung in $133\frac{1}{3}$ Jahren einen Tag, oder in 400 Jahren 3 Tage zu wenig gäbe; eine Annahme, die von der erwähnten wahren Bestimmung so wenig abweicht, daß sie erst nach mehreren tausend Jahren einen Unterschied von einem Tage hervorbringt. Daher verordnete Pabst Gregor, daß man immer unter vier auf einander folgenden Säcularjahren, die nach dem Julianischen Kalender sämmtlich Schaltjahre seyn sollten, nur eins als Schaltjahr annehmen, die drei folgenden dagegen nur zu 365 Tagen annehmen sollte, wodurch in 400 Jahren 3 Tage gewonnen werden. Hiernach nahm man das Jahr 1600 als Schaltjahr an, dagegen werden die Jahre 1700, 1800, 1900 nur zu 365 Tagen berechnet, das Jahr 2000 ist ein Schaltjahr u. s. w.

Gregorianischer Kalender, russischer Kalender.

## 19.

Aus der bekannten Größe des tropischen Jahres kann die Größe des siderischen leicht berechnet werden.

Da nemlich die Sterne während eines Jahres um $50\frac{1}{10}$ Secunden vorwärts rücken, so muß die Sonne, wenn sie zu dem Aequinoctialpuncte zurückgekehrt ist, noch diesen Raum durchlaufen, um zu demselben Sterne zurückzukehren. Da sie aber, um den ganzen Kreis, d. h. 360 Grade, zu durchlaufen, $365\frac{24222}{100000}$ Tage braucht, so braucht sie, um $50\frac{1}{10}$ Secunden zu durchlaufen, ungefähr 20 Minuten; um diese Zeit ist das siderische Jahr größer als das tropische.

Nach Bessel a. a. O. ist die Dauer des siderischen Jahres ungefähr 365 Tage, 6 Stunden, 9 Minuten, 10,7 Secunden.

## 20.

So wie sich das tropische oder Sonnen-Jahr von dem siderischen oder Stern-Jahre unterscheidet, so unterscheidet sich auch der Sonnentag vom Sterntage. Der Sterntag beginnt, nach Uebereinkunft der Astronomen, wenn der Frühlingspunct durch den oberen Meridian geht (§. 7). Will man auf dieselbe Weise den Sonnentag bestimmen, so daß also zwischen einem Durchgang der Sonne durch den oberen Meridian und dem anderen ein Sonnentag verfließt, so muß man nicht vergessen, daß die Sonne während dieser Zeit in ihrer jährlichen Bewegung von Westen nach Osten fortgerückt ist, also dieses Stück noch durchlaufen muß, ehe sie wieder in den Meridian kommt. Setzt man voraus, daß ihre jährliche Bewegung eine gleichförmige ist, so muß man folgende Rechnung anstellen. Die Sonne durchläuft in einem Tage $\frac{360}{365\frac{24222}{100000}}$ Grade von Westen nach Osten; sie muß also, bis sie wieder in den Meridian kommt,

$$360 \text{ Grade und } \frac{360}{365\frac{24222}{100000}} \text{ Grade}$$

durchlaufen. Wird nun die hierüber verfließende Zeit ein mittlerer Sonnentag genannt, und in 24 Stunden getheilt, so braucht die Sonne, um $\frac{360}{365\frac{24222}{100000}}$ Grade zu durchlaufen, ungefähr 3 Minuten, $55\frac{9}{10}$ Secunden; um diese Zeit ist also der mittlere Sonnentag größer als der Sterntag.

Mittlere Zeit.

21.

Der Lauf der Sonne erscheint uns aber keinesweges als ein gleichförmiger. Vielmehr scheint die Sonne zu verschiedenen Zeiten sehr verschiedene Theile ihrer Bahn in einem Tage zu durchlaufen. Namentlich ist ihr Lauf um die Zeit des kürzesten Tages viel schneller als um die Zeit des längsten Tages. Hiermit steht eine andere Erscheinung in Verbindung, die zugleich auf die richtige Erklärung führt. Wenn man den Durchmesser der Sonne mißt, so findet man, daß er um die Zeit des kürzesten Tages am größten (32 Min. $35\frac{6}{10}$ Sec.), um die Zeit des längsten Tages am kleinsten (31 Min. 31 Sec.) ist. Hieraus folgt, daß die Erde nicht im Mittelpuncte des Kreises der Ekliptik stehen kann, indem die Aenderung in der Größe des Sonnendurchmessers nur daraus erklärt werden kann, daß wir nicht zu allen Zeiten des Jahres gleich weit von der Sonne entfernt sind.

Hieraus folgt aber wieder unmittelbar, daß uns der Lauf der Sonne, wenn er auch gleichförmig ist, doch ungleichförmig erscheinen muß, und zwar muß sie sich am schnellsten zu bewegen scheinen, wenn sie uns am nächsten ist; am langsamsten, wenn sie am entferntesten ist. Befinden wir uns nemlich nicht im Mittelpuncte c (Fig. 4.), sondern im Puncte d, so wird die Sonne, wenn ihr Lauf gleichförmig ist, die gleichen Bogen A B und a b in gleichen Zeiten durchlaufen; vom Mittelpuncte aus gesehen, entsprechen diesen Bogen gleiche Winkel, aber in d wird, wie sich aus den einfachsten geometrischen Betrachtungen ergiebt, der Winkel, der dem Bogen a b entspricht, größer seyn als der Winkel, der dem Bogen A B entspricht; daher wird es scheinen, als ob die Sonne, wenn sie in a ist, sich viel schneller bewegte, als wenn sie in A ist.

Ueber die verschiedenen Methoden, den Durchmesser der Sonne zu messen, Heliometer.

Da für uns der Lauf der Sonne nicht gleichförmig ist, so folgt daraus, daß auch die einzelnen Sonnentage nicht gleich lang seyn können. Dieser Ursache wegen bedienen sich die Astronomen nicht der Sonnenzeit als Zeitmaßes. Der Unterschied zwischen dem wahren und mittleren Sonnentage heißt die Zeitgleichung; um den wahren Sonnentag zu finden, muß man sie bald von dem mittleren Sonnentage abziehen, bald dazu addieren.

## 22.

Es wurde bisher immer stillschweigend angenommen, daß sich die Weltkörper wirklich in der Richtung befinden, in der wir sie sehen. Dies ist aber nicht ganz richtig. Die Erfahrung zeigt nemlich, daß, sobald sich zwischen uns und einem Körper verschiedene durchsichtige Substanzen befinden, der Körper in der Regel an einer anderen Stelle zu seyn scheint, als die ist, in welcher er sich wirklich befindet. Diese Erscheinung nennt man die Refraction oder Strahlenbrechung. So wie nemlich ein Lichtstrahl aus einer Substanz in eine andere von verschiedener Dichtigkeit fährt, so ändert er seine Richtung. Wir versetzen aber den gesehenen Gegenstand immer in die Verlängerung der Richtung, in welcher der Lichtstrahl sich bewegt, wenn er unser Auge trifft, und sehen ihn daher in diesem Falle in einer Richtung, in der er sich nicht befindet. Unsere Atmosphäre besteht aus einer unendlichen Menge von Schichten, die immer dichter und dichter werden, je mehr sie sich der Oberfläche der Erde nähern, indem die oberen Schichten auf die unteren drücken. Fährt daher ein Lichtstrahl eines Sternes in die Atmosphäre, so wird er von seiner ursprünglichen Richtung abgelenkt, und in immer andere und andere Richtungen gebracht und zwar beschreibt er eine krumme Linie, die gegen seine anfängliche Richtung convex gekrümmt ist. Bezeichnet S (Fig. 5.) einen Stern, so würde, ohne Dazwischenkunft der Atmosphäre, ein Beobachter in g den Stern nach der Richtung g S sehen, da aber zwischen Stern und Beobachter die Luftschichten a b, c d, e f u. s. w. liegen, so wird der Strahl, wenn er bei h in die Atmosphäre tritt, von da an die krumme Linie h k durchlaufen und also das Auge des Beobachters gar nicht treffen. Ein Strahl, der in g eintreffen soll, muß eine solche anfängliche Richtung haben, daß er, ohne Dazwischenkunft der Atmosphäre, einen Punct l, der hinter dem Beobachter liegt, getroffen hätte, nun aber in m abgelenkt, die krumme Bahn m g durchläuft. Der Beobachter wird daher den Stern in der Verlängerung der letzten Richtung des Strahles, also hier in der Richtung g n s sehen. Aus dieser Darstellung folgt, daß man wegen der atmosphärischen Refraction die Sterne immer über ihrem wahren Orte erblickt, oder die Refraction hebt, wie man sagt, die Sterne. Die Ablenkung des Strahls geschieht aber nicht seitwärts, sondern immer in verticaler Richtung, d. h. die Richtung, in welcher man den Stern sieht, liegt in der Verticalebene, in der das Zenith, das Auge und der Punct, in welchem sich der Stern wirklich befindet, liegen. Der Unterschied zwischen der wahren und scheinbaren Richtung ist nicht bei allen Höhen des Sternes über dem Horizonte dieselbe, vielmehr verschwindet er ganz, wenn der Stern im Zenith steht, denn alsdann wird dieser auch im Zenith gesehen; je weiter aber der Stern vom Zenith absteht, desto größer ist der Unterschied, und er erreicht im Horizonte seinen größten Werth. Da in der Dichtigkeit der Luft bedeutende Wechsel vorgehen, wie uns das Barometer zeigt, und auch die Temperatur auf diese Dichtigkeit Einfluß ausübt, so muß bei jedem veränderten Barometer- und Thermometerstande auch die atmosphärische Refraction sich ändern. Man hat es aber mit Hülfe der Theorie und der Beobachtungen dahin gebracht, für jeden gegebenen Barometer- und Thermometerstand, aus der gegebenen scheinbaren Richtung des Sternes die wahre finden zu können; man nennt die zu diesem Zwecke entworfenen Tafeln Refractionstafeln, nach ihnen müssen jedesmal die Beobachtungen corrigiert werden.

Ueber die abgeplattete Gestalt der Sonne und des Mondes am Horizonte.

23.

Die Nothwendigkeit einer anderen Correction der Beobachtungen geht aus dem Umstande hervor, daß Beobachter, die sich an verschiedenen Orten der Erde befinden, die Sterne nicht nach derselben Richtung sehen. Bei den Fixsternen ist freilich der Unterschied, wie schon (§. 4.) bemerkt worden ist, unmerklich, bei den Planeten dagegen, bei Sonne und Mond, sehr merklich (woraus schon hervorgeht, daß diese uns viel näher sind als die Fixsterne). Es würde daher schwierig, oder wenigstens umständlich seyn, die Beobachtungen eines und desselben dieser letzteren Sterne, die an verschiedenen Orten angestellt worden sind, mit einander zu vergleichen. Man hat deswegen die Auskunft getroffen, alle Beobachtungen auf einen bestimmten Punct der Erde zu reducieren, d. h. jedesmal zu bestimmen, in welcher Richtung man den Stern zu derselben Zeit gesehen hätte, wenn man an diesem bestimmten Puncte gewesen wäre. Für diesen Punct hat man den Mittelpunct der Erde angenommen. Um den Sinn dieses Wortes richtig zu verstehen, ist es nun nöthig, die Gestalt der Erde genauer zu erörtern. Es wurde früher gesagt, daß die Erde gekrümmt ist (§. 4.), aber die Natur dieser Krümmung wurde nicht weiter erörtert. Setzt man nun zuerst voraus, daß die Erde die Kugelgestalt hat, so ist es leicht, den Abstand ihres Mittelpunctes von der Oberfläche zu finden. Man sieht nämlich leicht ein, daß in diesem Falle die Erdmeridiane (§. 10.) wie die Himmelsmeridiane Kreise sind, und daß der Mittelpunct eines solchen Erdmeridians zugleich der Mittelpunct der Erde ist. Hat man daher die Länge eines

Stückes eines solchen Erdmeridians gemessen, und weiß, ein wie großer Theil des ganzen Kreises dieses Stück ist, so kann man hierdurch die Länge des ganzen Kreises finden. Aus der Länge des Kreises findet man aber, vermittelst einer einfachen Rechnung, die Länge des Durchmessers (es verhält sich die Länge des Durchmessers zu der des Kreises wie 3,1415926 zu 1) und mithin auch den Ort des Mittelpunctes. Ist aber die Krümmung der Erde nicht nach allen Richtungen gleichförmig, d. h. ist sie keine Kugel, so werden auch die Meridiane nicht sämmtlich gleich groß und Kreise seyn, und es werden nicht immer die unter gleich großen Stücken eines Himmelsmeridians liegenden Stücke eines Erdmeridians gleich groß seyn. Hierüber müssen die unmittelbaren Messungen entscheiden, die auf folgende Weise angestellt werden. Man nimmt zwei Puncte auf der Erde, die unter einem Meridiane liegen, d. h. für welche irgend ein Stern zu derselben Tageszeit seine größte Höhe erreicht (§. 7.), man bestimmt an beiden Orten die Polhöhen (§. 8.). Der Unterschied dieser Polhöhen sey z. B. ein Grad, so ist auch der Unterschied der Breite ein Grad (§. 10.), d. h. wenn der Meridian ein Kreis ist, so liegen die beiden Puncte um einen Grad dieses Kreises oder um den 360sten Theil desselben von einander entfernt. Hierauf mißt man die Länge der Entfernung beider Puncte von einander, in der Richtung des Meridians. Nun nimmt man einen dritten Punct auf der Erde, der unter demselben Meridiane liegt und von einem der beiden ersten, z. B. von dem zweiten, wieder um einen Breitengrad entfernt ist, und mißt die Länge der Entfernung des zweiten und dritten Punctes, ebenfalls in der Richtung des Meridians. Ist der Meridian ein Kreis, so muß daher die Entfernung des zweiten und dritten Punctes der Entfernung des ersten und zweiten gleich seyn. Diese Operation, die unter dem Namen der *Gradmessung* bekannt ist, kann man nach allen Richtungen, und so oft man will, wiederholen. Die wirklich angestellten Messungen haben ergeben, daß sich die Gestalt der Erde allerdings nicht weit von der Kugelform entfernt, daß sie aber eigentlich eine an den Polen platt gedrückte Kugel ist, indem die Krümmung der Meridiane an den Polen flacher oder gestreckter ist als an dem Aequator, und die Meridiane nicht Kreise, sondern Ovalen sind, so daß einem Breitengrade am Pole ein größeres Stück eines Erdmeridians entspricht als einem Breitengrade am Aequator. Die Erde bleibt aber auch unter dieser Voraussetzung ein symmetrischer Körper, d. h. es befindet sich im Innern derselben ein Punct, der so beschaffen ist, daß, wenn man durch denselben gerade Linien nach der Oberfläche der Erde zieht, die zwei Puncte der Oberfläche der Erde, die durch eine solche Linie getroffen werden, gleich weit von dem Puncte im Innern der Erde abstehen. Dieser Punct ist der Mittelpunct der Erde, und da man durch die Messungen die Gestalt der Erde gefunden hat, so kann man auch für jeden Punct auf der Erde seine Entfernung vom Mittelpuncte berechnen. Den Unterschied zwischen der Entfernung dieses Mittelpunctes von den Polen und einem Puncte des Aequators nennt man die *Abplattung* der Erde, sie beträgt ungefähr $\frac{1}{300}$ der Entfernung vom Aequator. Diese Entfernungen nennt man auch den *Polarhalbmesser* und *Aequatorialhalbmesser*. In runden Zahlen kann man den Durchmesser der Erde zu 860 Meilen annehmen. Genauere Bestimmungen werden später angeführt werden.

Ueber das Detail der Gradmessungen und die dabei vorkommenden Schwierigkeiten kann in den Vorlesungen mehr gesagt werden.

## 24.

Den Winkel, den die Richtungen, in welchen man den Stern von einem Puncte der Oberfläche der Erde und von deren Mittelpunct aus sehen würde, mit einander einschließen, nennt man die Parallaxe. Ist (Fig. 6.) C der Mittelpunct, F ein Punct auf der Erde, S ein Stern, so ist der Winkel, der durch die Linien FS und CS gebildet wird, die Parallaxe. Der Anblick der Figur zeigt zugleich, daß die Wirkung der Parallaxe darin der Wirkung der Refraction entgegengesetzt ist, daß sie die Sterne an einem Puncte sehen läßt, der tiefer liegt als der Punct, an welchem man sie sehen sollte (d. h. an welchem man sie sehen würde, wenn man im Mittelpuncte der Erde wäre). Sonst hat die Parallaxe in ihren Gesetzen mit der Refraction viel Aehnlichkeit. Sie verschwindet im Zenith, sie wird immer größer, je näher der Stern dem Horizonte steht, im Horizont wird sie am größten und heißt alsdann die Horizontalparallaxe. Da man durch einfache geometrische Betrachtungen die Parallaxe für jede gegebene Höhe des Sterns über dem Horizonte aus der Horizontalparallaxe ableiten kann, so ist die letztere von der höchsten Wichtigkeit; man findet sie auf folgende Weise. Ist (Fig. 7.) C der Mittelpunct der Erde, die hier der Einfachheit wegen als eine Kugel angenommen wird, S ein Stern, der im Horizonte des Beobachters in O steht, so kennt man in dem Dreiecke C O S den Winkel bei O (er ist ein rechter) und die Seite C O (Halbmesser der Erdkugel) und sucht den Winkel, der durch die Linien C S und O S gebildet wird; um diesen zu finden, muß man noch ein Stück im Dreiecke kennen, allenfalls CS oder die Entfernung des Sterns vom Mittelpuncte der Erde. Diese Entfernung findet man auf folgende Weise: Zwei Beobachter, die sich unter demselben Meridiane Z S Z′ (Fig. 8.) in den Puncten O und O′ befinden, beobachten den Stern S in dem Momente, in welchem er durch den Meridian geht. Sie können also den Winkel, den S O mit der Verticalen O Z (§. 7.), und den Winkel, den S O′ mit der Verticalen O′ Z′ macht, finden, woraus sich der Winkel, den S O mit O C, und der Winkel, den S′ O′ mit O′ C macht, von selbst ergiebt; der Punct C ist der Mittelpunct der Erde, in welchem alle Verticalen zusammenstoßen. In dem Vierecke, das durch die Linien S O, S O′, O C und O′ C gebildet wird, kennt man die beiden Halbmesser O C und O′ C, die Winkel bei O und O′ und den Winkel bei C, der sich aus der bekannten Entfernung der Puncte O und O′ ergiebt. Fünf bekannte Stücke in einem Vierecke sind aber hinreichend, um aus ihnen alle übrigen zu finden; hiernach kann man auch die Größe der Linie S C oder die Entfernung des Sterns vom Mittelpuncte der Erde finden.

### 25.

Die Betrachtungen über die Parallaxe haben unmittelbar zur Auflösung der Aufgabe geführt, wie man die Entfernung eines Planeten von der

Erde finden kann, und man sieht aus Fig. 7., daß man, wenn die Horizontalparallaxe schon anderweitig bekannt ist, aus ihr wieder die Entfernung ableiten kann. Aus der bekannten Entfernung ergiebt sich alsdann der Durchmesser des Planeten. Die Planeten erscheinen uns nemlich, besonders wenn wir Fernröhren anwenden, als scharf begränzte runde Scheiben, und man kann nach einfachen geometrischen Principien berechnen, wie groß der Durchmesser einer solchen Scheibe wirklich seyn müsse, damit er uns, in der bekannten Entfernung, so groß erscheine, wie wir ihn sehen.

## 26.

Haben die bisherigen Untersuchungen auf keine Erscheinung am Himmel geführt, durch welche die Frage, ob die tägliche Bewegung aus einer Umdrehung der Sterne oder der Erde entspringe, entschieden werden konnte, so giebt es doch Erscheinungen auf der Erde selbst, die hierüber Licht verschaffen. Namentlich ist dies der Fall mit der Abplattung der Erde. So lange man sich nemlich die Erde als ruhend denkt, läßt sich kein wahrscheinlicher Grund dieser Erscheinung auffinden; nimmt man aber eine Axendrehung der Erde an, so ergiebt sich die Abplattung als nothwendige Folge dieser Annahme. Denn wenn sich die Erde um eine Axe dreht, die durch die Pole der Erde geht, so beschreiben, während dieser Umdrehung, alle Puncte an der Oberfläche der Erde Kreise, die mit dem Erdaequator parallel sind und deren Mittelpuncte in der Axe liegen. Der größte dieser Kreise ist daher der Aequator selbst, und sie werden immer kleiner, je näher der Punct dem Pole ist. Hieraus folgt, daß ein Punct im Aequator sich mit größerer Geschwindigkeit umdreht als ein Punct an irgend einem anderen Orte der Erde, weil er in derselben Zeit einen größeren Kreis zu durchlaufen hat als die übrigen Puncte, und daß diese Geschwindigkeit vom Aequator zum Pole fortwährend abnimmt. Es hat aber jeder Körper, der sich um einen Mittelpunct dreht, das Bestreben, sich von diesem zu entfernen, und dieses Bestreben, welches man die Centrifugalkraft nennt, wächst mit der Geschwindigkeit. Es würde daher, während der täglichen Bewegung, jeder lose Körper an der Oberfläche der Erde von derselben weggeschleudert werden, wenn nicht eine andere stärkere Kraft, die Centripetalkraft, auf ihn wirkte, die ihn zur Erde treibt, und sich bei freien Körpern durch das Fallen, bei solchen, die am Fallen gehindert sind, durch den Druck äußert. War daher einmal, wie sich aus vielen geologischen Thatsachen schließen läßt, die Erde in flüssigem Zustande, so würde sie im Zustande der Ruhe eine vollkommene Kugel gebildet haben, wie wir dies bei jedem einzelnen Wassertropfen bemerken. Sobald sie sich aber um eine Axe drehte, so mußten sich alle Theile von der Umdrehungsaxe zu entfernen streben, und da dies Bestreben desto stärker war, je näher der Punct dem Aequator war, so mußten sich auch die Puncte, die dem Aequator näher lagen, weiter von der Axe entfernen, oder es mußte an den Polen eine Abplattung entstehen. Auch haben die theoretischen Untersuchungen gelehrt, daß eine flüssige Kugel von der Größe der Erde wirklich die Abplattung annimmt, die man durch Messungen gefunden hat, wenn sie sich in 24 Stunden um ihre Axe dreht.

27.

Aus diesen Ansichten folgt noch ein evidenterer Beweis für die tägliche Umdrehung der Erde. Die Entstehung der Centripetalkraft läßt sich nemlich auf keine einfachere Weise erklären, als wenn man annimmt, daß alle Körper, die sich über der Oberfläche der Erde befinden, von der ganzen Masse der Erde angezogen werden, auch wird diese Annahme später noch fester begründet werden. Diese Anziehungskraft wird aber, wie Versuche zeigen, desto schwächer, je weiter die Körper von der Masse der Erde entfernt sind. Da nun die Erde abgeplattet ist, so steht ein Körper, wenn er sich am Aequator in A (Fig. 9.) befindet, von vielen Theilen der Erde natürlich weiter ab, als wenn er sich am Pole in P befindet, er wird daher am Aequator weniger angezogen, weniger drücken als am Pole; mit anderen Worten: das Gewicht ein und desselben Körpers muß am Aequator geringer seyn als am Pole, und es muß, wenn man den Körper vom Aequator nach dem Pole bringt, immer bedeutender werden, je weiter man fortgeht. Begreiflich läßt sich dies aber nicht durch unmittelbares Abwägen bewahrheiten, da die Anziehungskraft den abzuwägenden Körper wie den Gewichtstein auf gleiche Weise afficiert, wohl aber durch die Schwingungen eines Pendels, d. h. einer Vorrichtung, die aus einem schweren an einem Faden befestigten Körper besteht, so daß der Körper sich frei um den Faden, der an einem Puncte fest gehalten wird, drehen kann. Ist das Pendel in Ruhe, so wird es die verticale Richtung haben (§. 7), wird es aber aus dieser Richtung herausgebracht, so strebt die Anziehungskraft der Erde es wieder in diese Richtung zu bringen, und bewirkt, daß dasselbe um die verticale Richtung eine Reihe von Schwingungen macht. Je stärker daher die Anziehungskraft wirkt, desto schneller muß das Pendel schwingen, oder desto mehr Schwingungen muß es in einer gegebenen Zeit vollbringen. Wirklich findet man, daß ein Pendel, wenn man es vom Aequator nach dem Pole trägt, immer schneller schwingt, je näher man dem Pole kommt. Der Unterschied ist aber größer, als er seyn könnte, wenn er blos von der verschiedenen Stärke der Anziehungskraft herrührte. Nach genauer Berechnung müßte nemlich alsdann das Gewicht des Körpers, wenn er vom Aequator nach dem Pole gebracht wird, um $\frac{1}{590}$ zunehmen, während die Zunahme nach angestellten Versuchen ungefähr $\frac{1}{194}$ beträgt. Sobald man aber annimmt, daß außer der Anziehungskraft noch eine Centrifugalkraft auf das Pendel wirkt, so sieht man leicht, daß auch durch diese Kraft das Gewicht des Körpers vermindert wird, und zwar am meisten am Aequator, während sie am ruhenden Pole ganz verschwindet. Die Zunahme des Gewichts ist daher die zusammengesetzte Wirkung der Abplattung und Umdrehung der Erde, da die nach dieser Voraussetzung berechnete Zunahme vom Aequator bis zum Pol wirklich $\frac{1}{194}$ beträgt; die Centrifugalkraft allein bewirkt eine Zunahme von ungefähr $\frac{1}{289}$.

Secundenpendel. — Eine neue, sinnreiche Methode, die Zunahme der Schwere zu messen, findet man in Herschel's Treatise on Astronomy §. 189.

28.

Nach dem Vorhergehenden kann es als völlig erwiesen angesehen werden, daß sich die Erde täglich von Westen nach Osten um ihre Axe dreht. Die Bewegung der Fixsterne, der Sonne u. s. w. von Westen nach Osten ist daher nur scheinbar, die Himmelsaxe (§. 5.) ist nichts Anderes als die verlängerte Erdaxe. Dies führt auf die Vermuthung, daß auch die jährliche Bewegung der Sonne nur scheinbar sey, in Wahrheit aber diese Bewegung der Erde zugeschrieben werden müsse, und diese Vermuthung wird durch folgende Betrachtungen zur Gewißheit erhoben. Beobachtet man den Lauf der Planeten, so bemerkt man folgende auffallende Erscheinungen. Eine Zeitlang bewegen sie sich von Osten nach Westen (sind rückläufig), anfangs mit immer größerer, später aber mit immer mehr abnehmender Geschwindigkeit; dann stehen sie eine kurze Zeit ganz stille und fangen darauf an sich von Westen nach Osten zu bewegen (werden rechtläufig), und zwar wieder anfangs mit immer größerer, später mit immer geringerer Geschwindigkeit, bis sie zuletzt wieder stille stehen und darauf wieder von Osten nach Westen fortgehen. Dabei ist aber die Bewegung von Westen nach Osten überwiegend, so daß der Planet eigentlich in dieser Richtung immer weiter fortrückt und eine regelmäßige geschlossene Bahn beschreibt. Es wird Niemanden einfallen, diese Erscheinungen durch ein wirkliches Vorwärts- und Rückwärtsgehen der Planeten zu erklären, vielmehr wird sie jeder aus einer optischen Täuschung ableiten. Indessen bleibt die Erklärung fast unmöglich, so lange man sich die Erde als ruhenden

Mittelpunct denkt. Nimmt man dagegen an, daß sich die Planeten und die Erde um die Sonne als Mittelpunct der Bewegung nach derselben Richtung von Westen nach Osten drehen, so folgen die erwähnten Erscheinungen aus dieser Annahme mit Nothwendigkeit. Für den Beobachter auf der Erde ist nemlich die Bewegung eines Planeten aus zwei Theilen zusammengesetzt, aus einer wahren Bewegung, der wirklichen Bewegung des Planeten von Westen nach Osten, und aus einer scheinbaren, die aus der Bewegung der Erde entsteht, indem wir uns die Erde als ruhend denken und daher glauben, daß sich der Planet in der Richtung bewegt, welche der der Erde entgegengesetzt ist. Da nun die Erde eine krumme Bahn beschreibt, so wird sie in zwei entgegengesetzten Puncten zwei entgegengesetzte Richtungen haben, und daher wird sich der Planet in zwei entgegengesetzten Richtungen zu bewegen scheinen. Wird nun die wahre Bewegung des Planeten durch die scheinbare vermehrt, d. h. ist die Erde in dem Theil ihrer Bahn, in welchem ihre Bewegung der des Planeten entgegengesetzt ist, so muß der Planet immer schneller zu gehen scheinen, indem die scheinbare Bewegung immer stärker wird. Allmälich aber wird die Erde in dieselbe Richtung kommen, in der der Planet fortgeht, die scheinbare Bewegung wird daher die wahre immer weniger verstärken und ihr später sogar entgegengesetzt seyn, so daß der Planet sich nach seiner anfänglichen Richtung immer langsamer bewegt; zuletzt werden sich die scheinbare Bewegung und die wahre wechselseitig ganz aufheben und der Planet wird stille zu stehen scheinen, alsdann werden die scheinbare und die wahre Bewegung beide nach einer Richtung geschehen, die der früheren entgegengesetzt ist, indem die Erde und der Planet in den entgegengesetzten Theil ihrer Bahn kommen, der Planet wird daher immer schneller nach der Richtung fortzugehen scheinen, die der früheren entgegengesetzt ist, bis sich wieder die scheinbare und wahre Bewegung entgegenwirken und zuletzt ganz aufheben.

Wie die griechischen Astronomen diese Erscheinungen erklärten. — Copernicanisches System.

## 29.

Nach dem Vorhergehenden kann man also die jährliche Umdrehung der Erde als erwiesen ansehen. Es sind hiernach einige Modificationen früherer Erklärungen nöthig. Die Ekliptik ist die Bahn, welche die Erde jährlich um die Sonne beschreibt. Da sich während dieser Bewegung die Polhöhe keines Ortes ändert, d. h. da während dieser Bewegung die Axe der Erde immer gegen denselben Punct des Himmels gerichtet bleibt, so folgt daraus, daß sie während des ganzen Umlaufs der Erde eine parallele Richtung behält. Da ferner die Erdaxe auf dem Aequator senkrecht steht, d. h. einen Winkel von 90 Graden mit ihm einschließt, die Ekliptik aber einen Winkel von 23 Graden 28 Minuten mit dem Aequator einschließt, so folgt daraus daß die Erdaxe mit der Ebene der Bahn, die die Erde um die Sonne beschreibt, einen Winkel von 66 Graden 32 Minuten einschließt. Es versteht sich von selbst, daß nun die Abnahme der Schiefe der Ekliptik (§. 16.) aus einer Aenderung in der Lage der Erdbahn abgeleitet werden muß, die Präcession (§. 15.) erklärt sich aus einer Verrückung der ganzen Erde, wobei aber ihre Theile gegen einander dieselbe Lage behalten.

30.

Es wurde früher bemerkt, daß es auf der Erde keine zwei Puncte giebt, die so entfernt von einander sind, daß die von ihnen nach den Fixsternen gezogenen Linien eine merkliche Neigung gegen einander haben (§. 4.). Die größte Entfernung zweier Puncte auf der Erde ist aber ein Durchmesser der Erdkugel oder ungefähr 1720 Meilen (§. 24.). Da aber die Sonne von der Erde ungefähr 20 Millionen Meilen entfernt ist (vergl. §. 25.), so befindet sich ein Beobachter, im Anfang und am Ende eines halben Jahres, in zwei verschiedenen Puncten, die um 40 Millionen Meilen von einander entfernt sind. Es frägt sich daher, ob nicht die Linien, die man von diesen Puncten nach einem Fixsterne ziehen kann, eine merkliche Neigung gegen einander haben, oder, wie man sich auszudrücken pflegt, ob die Fixsterne nicht eine jährliche Parallaxe haben? Die Beobachtungen geben eine verneinende Antwort. Es läßt sich aber aus einfachen geometrischen Betrachtungen die Behauptung ableiten, daß, wenn die Fixsterne nur 200000 Mal weiter von uns entfernt wären, als die zwei Puncte von einander entfernt sind, ihre jährliche Parallaxe noch durch unsere feineren Meßinstrumente angezeigt werden müßte. Da dies nicht der Fall ist, so folgt hieraus, daß die Fixsterne mehr als 200000 Mal vierzig Millionen Meilen, d. h. mehr als 8 Billionen Meilen von uns entfernt sind, und wir haben nun noch stärkeren Grund als früher, zu behaupten, daß sie sehr groß und sehr stark leuchtend seyn müssen.

31.

Von der Sonne aus gesehen muß der Lauf der Planeten regelmäßig erscheinen. Ihre jedesmalige Lage gegen die Sonne findet man, indem man zuerst ihre Lage gegen die Erde und dann die Lage dieser gegen die Sonne bestimmt.

Heliocentrischer, geocentrischer Ort.

Hat man auf diese Weise die Bahn der Planeten bestimmt, so findet man, daß es nicht möglich ist, ihren Lauf auf eine regelmäßige Weise zu erklären, so lange man bei der Voraussetzung stehen bleibt, daß diese Bahn ein Kreis ist. Die wahren Gesetze der planetarischen Bewegung hat zuerst Keppler nach unsäglicher Mühe gefunden. Um diese Gesetze zu verstehen, muß man die krumme Linie kennen, die man eine Ellipse nennt. Eine solche Ellipse wird durch folgendes mechanisches Verfahren gebildet. Man denke sich in zwei Puncten B und b (Fig. 9.) einen Faden befestigt, der größer ist als die Entfernung dieser zwei Puncte. Dieser Faden werde durch einen Stift gespannt, so daß z. B. der Stift im Puncte P steht. Man führe nun den Stift an dem Faden, den man immer gespannt erhält, fort, so wird der Stift eine Ellipse beschreiben (wie hier AP a p). Die Puncte, in welchen der Faden festgehalten wird, nennt man die Brennpuncte, die gerade Linie, die durch diese Puncte und bis an die Ellipse geht, nennt man die große Axe, und die Linie, die auf der Mitte der großen Axe senkrecht errichtet und bis an die Ellipse verlängert wird, die kleine Axe. Werden von einem Brennpuncte aus nach zwei Puncten der Ellipse Linien gezogen (wie hier nach c und d), so nennt man den Raum, der zwischen diesen Linien und dem zwischen den beiden Puncten liegenden Stücke der Ellipse eingeschlossen ist, einen Sector.

32.

Die Gesetze der Planetenbewegung lauten wie folgt:

Erstes Gesetz.

Die Bahnen der Planeten sind Ellipsen, in deren einem Brennpuncte die Sonne steht.

Zweites Gesetz.

Jeder Planet beschreibt in gleichen Zeiten (nicht gleiche Bogen, sondern) gleiche Sectoren.

Durchläuft der Planet in einer gewissen Zeit den Bogen c d (Fig. 9.) und in derselben Zeit den Bogen e f, so werden nicht immer die Bogen c d und e f gleich seyn, wohl aber die Sectoren b e f, b c d. Hieraus folgt, daß der Bogen, den der Planet in einer gewissen Zeit beschreibt, desto kleiner werden muß, je weiter er sich vom Brennpuncte entfernt. Am weitesten von der Sonne steht der Planet entfernt, wenn er sich in dem Endpuncte der großen Axe befindet, der dem anderen Brennpuncte am nächsten liegt, man nennt daher diesen Endpunct die Sonnenferne (Aphelium), so wie man den anderen Endpunct der großen Axe, der, von allen Puncten der Bahn, der Sonne am nächsten ist, die Sonnennähe (Perihelium) nennt. Der Planet bewegt sich also in der Gegend der Sonnenferne langsamer als in der Gegend der Sonnennähe. Die

Erde ist im Winter in der Sonnennähe, im Sommer in der Sonnenferne (§. 21) daher sind Herbst und Winter um ungefähr acht Tage länger als Sommer und Frühling.

Drittes Gesetz.

Die Quadratzahlen der Umlaufszeiten zweier Planeten verhalten sich zu einander wie die Kubikzahlen der großen Axen ihrer Bahnen.

Unter Umlaufszeit wird hier die Zeit verstanden, welche der Planet braucht, um seine Bahn um die Sonne zu beschreiben, die siderische Umlaufszeit, nicht aber die Zeit, welche er braucht, um wieder in dieselbe Lage gegen die Erde und Sonne zu kommen, die synodische Umlaufszeit, die begreiflich eine ganz andere ist, da sich die Erde während des Umlaufs des Planeten fortbewegt.

Jo. Keppler astronomia nova de stella Martis.

33.

Diese drei Gesetze, die Keppler auf empirischem Wege gefunden hat, bilden die Grundlage der theorischen Astronomie, oder des Theils der Astronomie, der die wahre Bewegung der Himmelskörper betrachtet. Es war aber dem großen Newton vorbehalten, diese Gesetze auf physische Gründe zurückzuführen und so die physiche Astronomie zu schaffen.

Die leitenden Principien sind hierbei folgende. Wenn ein Körper eine Bewegung nach irgend einer Richtung erhält, so wird er vermöge dieser Bewegung immer nach derselben Richtung und mit derselben Geschwindigkeit fortgehen, so lange ihm nicht eine andere Bewegung mitgetheilt wird. Werden dem Körper zwei Bewegungen nach zwei verschiedenen Richtungen mitgetheilt, so wird er einen Weg einschlagen müssen, auf welchem er beiden Bewegungen genügt. Soll also ein Körper in einer bestimmten Zeit vermöge einer Bewegung von a nach b gehen (Fig. 10.) und vermöge einer anderen Bewegung in derselben Zeit von a nach c, so wird er am Ende dieser Zeit in einem Puncte d eintreffen müssen, nach welchem er gekommen wäre, wenn er sich zuerst von a nach b und dann von b nach d parallel mit a c bewegt hätte, wenn b d = a c ist, er wird also die Linie a d durchlaufen.

## 34.

Man nehme nun an, es werde einem Körper eine Bewegung nach einer gewissen Richtung mitgetheilt, zugleich aber äußere ein bestimmter fester Punct eine Anziehungskraft, vermöge welcher er den Körper jedesmal nach einer bestimmten Zeit an sich zu ziehen strebt. Es werde z. B. (Fig. 11.) einem Körper eine Bewegung mitgetheilt, vermöge welcher er, wenn sie allein wirkte, in einer Minute von a nach b gehen würde, in demselben Augenblicke würde er aber von dem festen Puncte c, der seine Anziehungskraft von Minute zu Minute äußert, so angezogen, daß er sich in einer Minute von a nach d bewegte, so wird er nach einer Minute in e ankommen (wenn b e gleich a d ist). Würde nun weiter keine Kraft auf ihn wirken, so würde er in der nächsten Minute den Weg e f (gleich a e) durchlaufen. Da er aber, im Puncte e angekommen, wieder vom Puncte c angezogen wird und zwar allenfalls so, daß er vermöge dieser Anziehungskraft in einer Minute den Weg e g beschreiben würde; so wird er am Ende der zweiten Minute in h eintreffen. Würde nun ferner keine Kraft auf ihn wirken, so würde er am Ende der dritten Minute in i eintreffen (wenn h i gleich e h ist). Da er aber, im Puncte h angelangt, wieder von c angezogen wird, und zwar allenfalls so, daß er in einer Minute den Weg h k zurücklegen würde, so wird er in der dritten Minute den Weg h l (wenn i l gleich h k ist) durchlaufen. Man ersieht hieraus die Möglichkeit, daß ein Körper, vermöge der ersten Bewegung nach der Richtung a b und der fortwirkenden Anziehung nach c, ein in sich selbst zurücklaufendes Vieleck um den Punct c beschreiben kann. Ferner sieht man, daß, je kürzer die Zwischenräume sind, nach welchen sich die Anziehungskraft jedesmal äußert, desto kleiner auch die Seiten dieses Vielecks seyn werden, und daß endlich, wenn die Anziehungskraft ohne Unterbrechung wirkt, das Vieleck sich in einen geschlossenen krummen Zug verwandeln wird, indem alsdann der Körper ohne Unterbrechung aus der Richtung abgelenkt wird, die er verfolgen will. Erhält also ein Körper irgend ein Mal durch eine Kraft eine Bewegung, vermöge welcher er nach einer bestimmten Richtung fortgehen würde, — eine solche Kraft nennt man eine Tangentialkraft, — und wird er zugleich durch eine andere Kraft unaufhörlich nach einem festen Puncte hingetrieben, — eine solche Kraft nennt man eine Centralkraft, — so können diese Kräfte so beschaffen seyn, daß der Körper unaufhörlich eine krumme Bahn um den festen Punct beschreibt. Daher warf Newton die Frage auf: Sollten nicht die Planeten nach einem gewissen Gesetze zur Sonne hingetrieben werden, so daß durch diese Centralkraft in Verbindung mit einer Tangentialkraft, die einst auf die Planeten wirkte, ihre Bewegung hervorgebracht würde, wie sie die Keppler'schen Gesetze angeben?

## 35.

Wenn man sich in der Natur nach Centralkräften umsieht, so findet man eine solche unzweideutig auf der Erde in der Schwerkraft angedeutet. Alle irdischen Gegenstände, die von der Erde getrennt werden, haben das Bestreben, wieder zu derselben zurückzukehren, und der Grund hiervon liegt in der Anziehungskraft, die alle Theile der Erde ausüben (§. 27.). Abstrahiert man von der geringen Abplattung und betrachtet die Erde wie eine vollkommene Kugel, so sieht man leicht, daß, wo sich auch der Körper außerhalb der Erde befindet, einem jeden Theilchen der Erde, das ihn nach einer Seite zu ziehen sucht, ein anderes auf der entgegengesetzten Seite entgegenwirken wird, so daß der Körper weder nach der einen noch nach der anderen Seite sich bewegen, sondern die Mitte halten und daher sich nach dem Mittelpuncte der Erde hin bewegen wird, indem man mit gutem Grunde vermuthen kann, daß die Materie in der Erdkugel ziemlich gleich vertheilt ist; die Erfahrung bestätigt diese theoretische Folgerung. Durch Galiläi's Untersuchungen hat man zuerst das Gesetz erfahren, nach welchem die Anziehungskraft der Erde wirkt; es ist nemlich nicht gleichgültig, in welcher Entfernung von der Erde sich der angezogene Körper befindet, vielmehr nimmt die Schwerkraft im

Verhältniß des Quadrates der Entfernung ab; d. h. wenn ein Körper zwei, drei, vier u. s. w. Mal so weit von der Erde entfernt ist als ein anderer, so wird er nur mit einer vier, neun, sechzehn u. s. w. Mal geringern Kraft zur Erde gezogen. Newton berechnete nun, daß, wenn ein Körper nach einem Puncte hingezogen wird, so daß diese Anziehungskraft mit dem Quadrate der Entfernung abnimmt und zugleich eine Tangentialkraft dem Körper eine Bewegung nach einer gewissen Richtung mitgetheilt hat, die Bahn, die der Körper durchläuft, nur eine von den krummen Linien seyn kann, die in der Geometrie unter dem Namen des Kreises, der Ellipse, der Parabel und der Hyperbel bekannt sind,. und daß es blos von der Beschaffenheit der Tangentialkraft abhängt, welche dieser krummen Linien beschrieben wird. Daß ferner, wenn die Bahn eine Ellipse ist, auch alle drei Keppler'schen Gesetze statt haben, und namentlich der anziehende Punct im Brennpuncte der Ellipse steht, und daß endlich diese Linien nie hervortreten können, sobald man annimmt, daß die Anziehungskraft nicht mit dem Quadrate der Entfernung abnimmt, sondern sich nach einem anderen Gesetze ändert. Hiernach erklärt sich die Bewegung der Erde (und dasselbe gilt von den übrigen Planeten) auf folgende Weise: Die Sonne übt eine anziehende Kraft aus, die mit dem Quadrate der Entfernung abnimmt, (und zwar kann man aus dem dritten Keppler'schen Gesetze beweisen, daß diese Anziehungskraft auf alle Planeten in gleicher Weise wirkt, wenn sie gleich weit von der Sonne entfernt sind); da sie aber, wie später gezeigt werden soll, kugelrund ist, so kann man hieraus schließen, daß die Anziehungskraft nach ihrem Mittelpuncte gerichtet ist. Hat nun die Erde einmal einen Stoß erhalten, der nicht durch ihren Mittelpunct ging, so mußte sie sich um ihre Axe drehen, hieraus entstand ihre tägliche Umdrehung, zugleich erhielt sie hierdurch eine Bewegung nach einer gewissen Richtung, und da sie auch von der Sonne angezogen wurde, so mußte sie seit dieser Zeit ihre Bahn nach den Keppler'schen Gesetzen beschreiben.

Durch diese und andere noch später vorkommende Betrachtungen wurde Newton auf den Satz der allgemeinen Schwere geleitet, welcher auf folgende Weise ausgesprochen werden kann: Alle Materie im Weltraum zieht sich wechselseitig an, und die Kraft, mit welcher ein Theil der Materie einen anderen anzieht, steht in directem Verhältniß zur Masse des anziehenden Theils und nimmt ab im Verhältniß des Quadrates seiner Entfernung von dem angezogenen Theile. Es wird daher die Sonne eben so wohl von den Planeten angezogen wie diese von der Sonne, nur müssen sich die Planeten zur Sonne hin bewegen, weil sie eine größere Masse hat. Dagegen wird ein Körper an der Oberfläche der Erde zur kleineren Masse der Erde und nicht zur größeren der Sonne hingetrieben, weil das Uebergewicht der Masse der Sonne durch ihre größere Entfernung compensiert wird.

Is. Newton Principia philos. natural.

## 36.

Nachdem nun der Grund der planetarischen Bewegung aufgefunden ist, sollen die einzelnen planetarischen Körper und besonders ihre physische Beschaffenheit betrachtet werden. Zuerst aber soll gezeigt werden, wie die verschiedenen Zahlenbestimmungen, die im Folgenden vorkommen, gefunden werden. Am einfachsten wird die siderische Umlaufszeit gefunden, indem man die Zeit beobachtet, die zwischen dem zweimaligen Erscheinen des Planeten bei demselben Sterne verfließt. Die synodische Umlaufszeit kann man aus der siderischen berechnen, da man weiß, mit welcher Geschwindigkeit sich die Erde und der Planet fortbewegen, oder man kann sie durch unmittelbare Beobachtung finden, indem man bemerkt, nach welcher Zeit der Planet wieder in derselben Lage gegen die Sonne erscheint. Beide Umlaufszeiten werden später in mittlerer Sonnenzeit (§. 20.) angegeben, wie überhaupt alle Zeitbestimmungen. Die Entfernungen der Planeten von der Sonne findet man, indem man zuerst ihre Entfernung von der Erde und dann die Entfernung dieser von der Sonne berechnet (§. 24.). Später wird immer die größte und kleinste Entfernung, d. h. die Entfernung des Planeten im Aphelium und im Perihelium (§. 32.), und außerdem noch die mittlere Entfernung, d. h. die Hälfte der Summe der größten und kleinsten Entfernung angegeben, diese mittlere Entfernung ist nichts Anderes als die halbe große Axe. Der Unterschied zwischen der halben großen Axe und der kleinsten Entfernung giebt die Entfernung des Brennpunctes vom Mittelpuncte der großen Axe oder die Excentricität; je bedeutender diese ist, desto gestreckter ist die elliptische Bahn des Planeten, oder desto mehr entfernt sie sich von der Kreisform. Aus der bekannten Länge der großen Axe und der bekannten Lage der

Brennpuncte ergiebt sich die Gestalt der Ellipse; berechnet man deren Länge und dividiert sie durch die siderische Umlaufszeit, so findet man die mittlere Geschwindigkeit des Planeten, oder den Raum, den er in der Zeiteinheit, unter der nicht ganz richtigen Voraussetzung, daß seine Bewegung in der Bahn gleichförmig ist, durchläuft. Die Größe des Durchmessers des Planeten findet man nach §. 25. Aus dem bekannten Durchmesser ergiebt sich dann, wenn man die Gestalt des Planeten kennt, sein Volumen. Die Neigung irgend einer Planetenbahn gegen die Erdbahn findet man, indem man den Moment beobachtet, wann der Planet gar keine Breite (§. 13.) hat, weil er alsdann in dem Puncte seiner Bahn ist, in welchem diese die Ekliptik durchschneidet, und ferner den Moment, in welchem die Breite am größten ist, wodurch die Gränze seiner Neigung gefunden wird.

### 37.

### ⊙ Die Sonne

ist kreisrund, ihr Durchmesser beträgt 190,000 geogr. Meilen (also mehr als 110 Erdkugeln, den Durchmesser der Erde zu 1720 geogr. Meilen angenommen.)

> Viele Beobachter wollen eine Abplattung der Sonne bemerkt haben, doch sind die Beobachtungen noch nicht hinlänglich constatiert (Schumacher's astr. Nachr. Bd. 9. Nr. 213.). Ueber Vergrößerung der Sonnenscheibe durch Irradiation s. Bessel in Schum. astr. Nachr. Bd. 10. S. 187.

Durch Fernröhren betrachtet erscheint die Oberfläche der Sonne nicht gleichförmig erleuchtet, vielmehr bemerkt man fast immer auf derselben eine Menge größerer oder kleinerer schwarzer Flecken. Diese Flecken können oft eine sehr bedeutende Fläche einnehmen; so bemerkte Pastorff einen Flecken, der 58,000000 geographische Meilen Flächenraum hatte (Schum. astron. Nachr. Bd. 6. S. 471.). Zuweilen können sie sogar mit bloßem Auge gesehen werden, einen solchen beobachtete Herschel im Jahre 1779 und bestimmte seinen Durchmesser zu mehr als 50000 (engl.) Meilen. Die Meinung, daß diese Flecken hervorragende Berge, oder Körper, die vor der Sonne vorübergehen, oder Wolken, die sich über den Sonnenkörper erheben u. s. w., seyen, wird durch die bloße Anschauung widerlegt, indem man ganz deutlich sieht, daß die Flecken Vertiefungen unter den helleren Theilen sind. Dies hat zuerst Bode, später auch Herschel und Schröter bemerkt. Die schwarzen Flecken sind in der Regel von mehr oder minder lichtschwachen grauen Flecken umgeben, und um diese erblickt man eine Menge hellerer Streifen, die man Fackeln (faculae) nennt. Die schwarzen Flecken sind sehr veränderlich. Bald geht diese Veränderung plötzlich vor, bald trennen sie sich in mehrere kleinere, die wieder immer kleiner werden, oder sich auch wieder vereinigen. Zuweilen sieht man auch graue Flecken ohne schwarzen Kern. Herschel leitete aus vielen Beobachtungen folgende Theorie ab: Alle Erscheinungen, die wir auf der Sonne erblicken, sind atmosphärische. Der dunkele Sonnenkörper ist nemlich zunächst von einer farblosen durchsichtigen Atmosphäre umgeben, in der sich, wie in unserer Atmosphäre, Wolken erheben; über diesen Wolken sind andere, der Sonne eigenthümliche, leuchtende Wolken. Diese leuchtenden Wolken verschaffen uns den gewöhnlichen Anblick der Sonne; werden sie zerrissen, so sehen wir auf die dunkele Atmosphäre — daher die schwarzen Flecken — oder auf die darüber befindlichen Wolken, die durch Reflexion matt erleuchtet erscheinen — dies sind die grauen Flecken — die Fackeln entstehen da, wo die leuchtenden Wolken mehr verdichtet sind. Hiernach ließe sich leicht denken, daß die Sonne von Menschen ähnlichen Wesen bewohnt seyn könnte, indem sie durch die dunkele Atmosphäre gegen das starke Licht und die große Hitze der oberen Wolken geschützt wären. Es ist merkwürdig, daß sich die größeren Flecken nur in gewissen Gegenden der Sonne zeigen, und also von örtlichen Ursachen abzuhängen scheinen.

Die Sonnenflecken hat zuerst Johann Fabricius im Jahre 1611 gesehen und in seinem Werke de maculis in sole observatis etc. narratio. Wittenb. 1611 beschrieben.

On the Nature and Construction of the Sun, by W. Herschel, phil. Transact. 1795. p. 46.

Observations tending to investigate the Nature of the Sun, by W. Herschel. Phil. Transact. 1801. p. 265.

Additional Observations etc. by W. Herschel. ebend. p. 354.

J. H. Schroeter's Beobachtungen über die Sonnenflecken. Erf. 1789. Desselben Beiträge zu den neuesten astronom. Entdeckungen. Bd. 2. Miscellen, p. 56 — 77.

Uebrigens glaubt Capocci (Schum. astr. Nachr. Bd. 5. Nr. 115.), daß die Oberfläche der Sonne aus einer leuchtenden Kruste besteht, welche unzählige, mit einer leuchtenden gasförmigen Flüssigkeit ausgefüllte, Spalten hat.

Die Sonnenflecken haben während ihrer Dauer eine merkliche Bewegung. Sie kommen vom östlichen Rande her und rücken nach dem westlichen, wo sie verschwinden, wenn sie überhaupt so lange bestehen. Zuweilen wiederholt sich diese Erscheinung mehrere Male bei demselben Flecken, und man findet alsdann, daß er ungefähr 14 Tage braucht, um über die Sonne wegzurücken, und ebenso lange unsichtbar bleibt, so daß er nach $27\frac{1}{3}$ Tagen wieder an derselben Stelle sichtbar wird. Es ist daher nicht zu bezweifeln, daß diese Erscheinung durch eine Axendrehung der Sonne von Westen nach Osten hervorgebracht wird. Da uns aber die Sonne immer kreisrund erscheint, so folgt hieraus, daß sie ein kugelförmiger Körper ist, und nur, wie alle Körper, nach optischen Gesetzen, in der Entfernung sich als Scheibe zeigt. Es darf nicht vergessen werden, daß die Erde, in ihrer jährlichen Bewegung, ebenfalls von Westen nach Osten fortrückt. Hätte daher die Sonne keine drehende Bewegung, so würde jeder Flecken, wegen der Bewegung der Erde, sich in entgegengesetzter Richtung zu bewegen, und zwar in $27\frac{1}{3}$ Tagen ungefähr 27 Grade zu durchlaufen scheinen, da die Erde täglich ungefähr einen Grad durchläuft. Daher muß der Flecken, wenn er sich wieder in derselben Lage gegen die Erde befindet, noch 27 Grade über einen ganzen Umlauf, d. h. 387 Grade durchlaufen haben, und hieraus folgt, daß er, um einen ganzen Umlauf (360 Grade) zu machen, ungefähr 25 Tage 10 Stunden braucht, dies ist die Zeit der Axendrehung der Sonne. Die genauere Bestimmung der Bewegung der Sonnenflecken wird sehr dadurch erschwert, daß die größeren Flecken gewöhnlich von einer Menge kleinerer begleitet werden; nach mehreren Umläufen hat aber gewöhnlich der größere Flecken sehr abgenommen, während einer der kleineren sehr groß geworden ist, so daß man alsdann diesen für den zuerst beobachteten hält. Daher stimmen auch die Angaben verschiedener Astronomen über die Umdrehunszeit der Sonne nicht ganz überein. Aus dem Begriff der Axe der Sonne ergiebt sich von selbst, was man unter Pole und Aequator der Sonne versteht.

Zeichnet man den Weg, den die Flecken auf der Sonnenscheibe zu durchlaufen scheinen, so sieht man, daß dieser zu verschiedenen Jahreszeiten sehr verschieden ist. Im Anfang des December scheinen die Flecken in gerader Linie fortzurücken. Die Puncte, an welchen sich die Flecken am östlichen Rande zuerst zeigen, liegen höher als die, in welchen sie verschwinden. Allmälich geht diese gerade Linie in eine ovale über, und zugleich ändert sich ihre Neigung gegen die Ekliptik, bis gegen Anfang des März die Puncte, in welchen sich die Flecken zuerst zeigen, eben so hoch über der Ekliptik liegen, wie die, in welchen sie verschwinden. Alsdann wird die Krümmung der ovalen Linie wieder geringer, so daß sie im Anfang des Juni wieder als gerade Linien erscheinen, nur mit dem Unterschiede, daß nun der Punct, in welchem die Flecken verschwinden, höher liegt, als der, in welchem sie erscheinen; alsdann geht die gerade Linie wieder in eine krumme über, aber die Krümmung ist nun nach der entgegengesetzten Seite gerichtet, und zugleich ändert sich die Neigung derselben gegen die Ekliptik, bis sie gegen Ende des September wieder so liegt, daß der Punct, in welchem die Flecken zuerst erscheinen, und der Punct, in welchem sie verschwinden, in gleicher Höhe über der Ekliptik liegen. Die Krümmung wird alsdann wieder geringer, und im December erscheint die Bahn wieder als gerade Linie wie im vorigen Jahre. Diese Erscheinungen wiederholen sich jedes Jahr, und es ist leicht hieraus abzuleiten, daß die Axe der Sonne gegen die Ekliptik geneigt ist. Stände sie senkrecht auf der Ekliptik, so würden die Flecken Kreise beschreiben, die mit der Ekliptik parallel sind, diese Kreise würden uns als gerade, mit der Ekliptik parallele Linien erscheinen. Ist aber die Axe gegen die Ekliptik geneigt, so kommt die Erde während ihres jährlichen Umlaufs in immer andere und andere Lagen gegen die Axe und gegen die auf derselben senkrechten Kreise, die die Flecken beschreiben. Ist der eine Pol der Sonne der Erde zugewendet, so muß die Bahn eines Fleckens gegen diesen Pol concav gekrümmt erscheinen; ist uns zu einer anderen Zeit der andere Pol zugewendet, so erscheint die Bahn gegen diesen Pol concav gekrümmt, also in einer der vorigen entgegengesetzten Lage; zwischen diese zwei Lagen fällt eine andere, wo nemlich beide Pole am Rande der uns sichtbaren Sonnenscheibe liegen, alsdann erscheint uns die Bahn des Fleckens wie eine gerade Linie. Da diese Linie mit dem Sonnenäquator parallel ist, so giebt ihre Neigung die Neigung des Sonnenäquators gegen die Ekliptik an, und so findet man, daß diese Neigung $7\frac{1}{2}$ Grade ist, daß also die Axe der Sonne einen Winkel von $82\frac{1}{2}$ Graden mit der Ekliptik einschließt.

Die Sonne wird beständig von einem blassen Schimmer begleitet, den man Abends nach Sonnenuntergang oder Morgens vor Sonnenaufgang sieht.

Bei uns gleicht seine Gestalt einer länglichen Ellipse, und seine Farbe ist weißlich, in der heißen Zone erscheint er zuweilen wie ein breiter röthlicher Streifen. Man nennt diesen Schimmer das Zodiakallicht, weil es immer in der Richtung des Zodiakus oder der Ekliptik liegt. Es ist daher am besten zu sehen, wenn die Sternbilder des Thierkreises hoch am Himmel stehen. Am deutlichsten kann es des Abends im Februar und März, und des Morgens im October gesehen werden. Die Länge desselben ist nach den verschiedenen Lagen der Erde gegen die Sonne veränderlich und kann zwischen 40 und 100 Grade betragen. Ebenso variiert die Breite zwischen 8 und 30 Graden. Die Natur des Zodiakallichts ist noch sehr dunkel; in jedem Falle ist es eine sehr feine Materie, da man die kleinsten Sterne durch dasselbe erblickt.

## 38.

### Der Sonne am nächsten ist

### ☿ Mercur.

Ob es Planeten giebt, die der Sonne näher sind als dieser Planet, kann man nicht wissen; möglich wäre es, daß ein solcher Planet so klein und zugleich der Sonne so nahe wäre, daß er immer in den Strahlen derselben verborgen bliebe.

Die siderische Umlaufszeit des Mercur ist 87 Tage, 23 Stunden, 15 Minuten, 44 Secunden. Seine kleinste Entfernung von der Sonne beträgt 6,200,000 Meilen, die größte 9,400,000, also die mittlere 7,800,000, er durchläuft in einer Secunde $6\frac{7}{10}$ Meilen. Sein Durchmesser ist 670 Meilen. (Diese Angabe ist nach Bessel's Messungen in Schum.

astr. Nachr. Bd. 10. Nr. 228. berechnet, womit auch andere Angaben übereinstimmen, Schröter bestimmte den Durchmesser früher zu 697 und später zu 608 Meilen). Da die Mercursbahn von der Erdbahn eingeschlossen ist, so tritt Mercur zuweilen zwischen uns und die Sonne, und wir erblicken ihn alsdann als einen vollkommen runden schwarzen Flecken auf der Sonnenscheibe; man nennt diese Erscheinung einen Durchgang des Mercur, sie beweißt, daß Mercur nicht selbstleuchtend, sondern von der Sonne erleuchtet ist. Da die Bahn des Mercur gegen die Erdbahn um 7 Grade geneigt ist, so erfolgt nicht bei jedem Umlauf des Mercur ein Durchgang, vielmehr ereignet sich diese Erscheinung immer nach 3, 7, 10 oder nach 13 Jahren, und zwar nur im Mai und im November.

Das Licht des Mercur ist weißlich, er ist aber nicht immer auf dieselbe Weise erleuchtet. Vielmehr bemerkt man durch Fernröhren dieselben Erscheinungen, die man am Monde mit bloßem Auge bemerkt, indem Mercur bald als völlig erleuchtete Scheibe, bald als ein größeres oder kleineres erleuchtetes Bogenstück erscheint. Dies läßt sich leicht aus dem Umstande erklären, daß Mercur ein dunkeler Körper ist, der uns nur durch die Reflexion der Sonnenstrahlen sichtbar wird, und uns, nach seinen verschiedenen Stellungen, bald seine ganze erleuchtete Scheibe, bald nur einen Theil davon zukehrt, wie dies bei der Theorie des Mondes weiter ausgeführt werden soll. Aus der bekannten Lage des Mercur gegen Sonne und Erde läßt sich immer berechnen, ein wie großes Stück desselben uns erleuchtet erscheinen muß, aber man findet, daß dieses oft viel eingebogener erscheint, als es nach der Berechnung seyn sollte. Hieraus schloß Schröter, daß Mercur eine dichte Atmosphäre hat, daß wir also eigentlich nur die erleuchtete Atmosphäre sehen und daher der Planet uns da am glänzendsten erscheinen muß, wo das Auge am tiefsten in die Atmosphäre eindringt, d. h. an dem uns gerade gegenüber liegenden Rande. Diese Vermuthung wurde noch fester begründet, als Schröter im Mercur Flecken bemerkte, die, wie die Sonnenflecken, bald einige Zeit fortrückten, bald sich auch wieder auflößten oder ihre Gestalt änderten. Auch hier wurden die Flecken immer nur in bestimmten Gegenden gesehen, so daß sie wahrscheinlich nur aus örtlichen Ursachen entspringen. Ihre Bewegung zeigt, daß sich Mercur in ungefähr 24 Stunden von Westen nach Osten um eine Axe dreht, und daß die Umdrehungsaxe gegen die Mercursbahn um ungefähr 70 Grade geneigt ist. Zuweilen haben die Flecken eine Bewegung, die nicht mit der Umdrehung übereinstimmt, und daher von Windzügen und anderen atmosphärischen Erscheinungen herzurühren scheint. Die Umdrehungszeit des Mercur wurde noch auf andere Weise bestimmt. Schröter bemerkte, daß zuweilen das südliche Horn der theilweise erleuchteten Mercursscheibe abgerundet erschien und dieselbe Erscheinung sich nach ungefähr 24 Stunden immer wieder auf dieselbe Weise wiederholte. Ebenso bemerkte er zu einer anderen Zeit, daß das nördliche Horn abgestumpft erschien, und auch hier zeigte sich die Erscheinung nach der angegebenen Zeit immer wieder in derselben Gestalt. Durch analoge Erscheinungen beim Monde geleitet, erklärte Schröter die Abstumpfung aus dem Umstande, daß Theile des Mercur durch den Schatten hoher Berge verdeckt werden, und diese Vermuthung wurde dadurch bestätigt, daß man während der Beobachtung die Form der Abstumpfung sich ändern sah, so daß sie nach einer Stunde ganz verschwunden war. Aus der Größe der Abrundung oder des Schattens findet man, daß Mercur in beiden Hemisphären Berge haben muß, die über zwei Meilen hoch sind. Diese Berge scheinen aber nur die Spitzen ausgedehnter Bergrücken zu seyn, denn man bemerkt sehr oft, daß sich die Gestalt des erleuchteten Theils während der Beobachtung ändert, was wohl nur die Wirkung von Schatten seyn kann, die durch die Umdrehung eine andere Lage erhalten. Auch muß die Atmosphäre des Mercur sehr schnellen Verdichtungen und Aufheiterungen unterworfen seyn, da manche Theile oft in ganz unverhältnißmäßig schwächerem und matterem Lichte erscheinen, als andere, und oft sehr bald wieder eben so hell erscheinen, zugleich ist der erleuchtete Theil oft ausnehmend viel schmäler, als er nach der Theorie seyn sollte. Zuweilen bemerkt man auch ganz dunkele Flecken, die zum Theil wieder sehr schnell verschwinden.

J. H. Schröter Neueste Beiträge zur Erweiterung der Sternkunde. Erste Abtheilung 1811. Hermographische Fragmente. 2r Theil. 1816.

## 39.

Dem Mercur am nächsten ist

## ♀ Venus.

Die siderische Umlaufszeit dieses Planeten ist 224 Tage, 16 Stunden, 49 Minuten, 8 Secunden. Seine kleinste Entfernung von der Sonne beträgt 14,500,000 Meilen, die größte 14,800,000 Meilen, also die mittlere 14,650,000. Er durchläuft in einer Secunde $4\frac{9}{10}$ Meilen. Sein Durchmesser beträgt 1680 Meilen. Venus hat weißes Licht, und erscheint, wie Mercur, durch Fernröhren betrachtet, in verschiedenen Gestalten. Aus beobachteten Flecken und Abrundungen der Hörner hat Schröter geschlossen, daß sich Venus in 23 Stunden 21 Minuten um eine Axe dreht. Eine starke Abrundung bemerkt man jedoch nur am südlichen Horne, und es müssen dort Berge von 4 bis 5 Meilen Höhe seyn. Daß Venus eine bedeutende Atmosphäre hat, folgt, wie bei Mercur, aus dem starken Abfall des Lichtes gegen die Lichtgränze hin, jedoch scheinen in dieser Atmosphäre keine so schnellen Veränderungen vorzugehen, wie bei Mercur.

Schröter's aphroditograph. Fragmente 1793. Desselben Nachtrag zu den aphroditograph. Fragmenten in den Beobachtungen des Cometen von 1807. In mancher Beziehung abweichend sind die Resultate, die Herschel gefunden hat, observations on the Planet Venus, Philos. Transact. 1793. Die ältere Ansicht des Bianchini (Hesperi et Phosphori nova phaenomena. 1728.), daß sich Venus in 23 Tagen um ihre Axe dreht, wiewohl sie neuerdings wieder von Hussey (Philos. Transact. 1832.) vertheidigt worden ist, scheint gegen Schröter's Beobachtungen kein Gewicht zu haben; übrigens hat schon Cassini die Umdrehungszeit zu 23 Std. 15 Min. bestimmt.

Auch Venus tritt zuweilen zwischen Sonne und Erde und erscheint alsdann als ein schwarzer Fleck auf der Sonnenscheibe, doch geschieht dies nicht bei jedem Umlaufe, da ihre Bahn um 3 Grade $23\frac{1}{2}$ Minuten gegen die Erdbahn geneigt ist; vielmehr sind bei diesem Planeten die Durchgänge viel seltener als bei Mercur. Der letzte Durchgang war 1769, der nächste, in Europa unsichtbare, ist 1874, der nächste sichtbare 1882. Manche Beobachter haben bei den Durchgängen des Mercur und der Venus einen Ring um diese Planeten bemerkt, jedoch scheint er nur aus einer subjektiven optischen Täuschung zu entstehen (vergl. Schum. astr. Nachr. Bd. 10. S. 143.).

Die beiden Planeten Mercur und Venus nennt man untere Planeten, weil ihre Bahn von der Bahn der Erde eingeschlossen wird, im Gegensatz zu den übrigen Planeten, die man obere nennt, weil ihre Bahn die Bahn der Erde einschließt. Daher werden auch Mercur und Venus nur in der Nähe der Sonne gesehen, und zwar steht Mercur in seiner weitesten Entfernung oder Elongation nur ungefähr 28 Grade, Venus in demselben Falle nur ungefähr 47 Grade von der Sonne entfernt. Die synodische Periode des Mercur ist 115 Tage, 21 Stunden, 3 Minuten, 34 Secunden, die der Venus 583 Tage, 22 Stunden, 6 Minuten, 56 Secunden.

Morgenstern, Abendstern.

## 40.

Nun folgt

♁ die Erde.

Ihre siderische Umlaufszeit ist 365 Tage, 6 Stunden, 9 Minuten, 11 Secunden. Ihre größte Entfernung von der Sonne beträgt 21,014,000 Meilen, die kleinste 20,320,000, also die mittlere 20,667,000 Meilen. Sie durchläuft in einer Secunde $4\frac{1}{10}$ Meilen. Nach den letzten Bestimmungen von Schmidt ist die Länge des halben Aequatorialdurchmessers 3,271,773, des halben Polardurchmessers 3,260,940 Pariser Toisen, die Abplattung beträgt ungefähr $\frac{1}{302}$, und ein mittlerer Erdgrad 57008$\frac{7}{10}$ Toisen (Schum. astr. Nachr. Bd. 9. S. 371). Rechnet man auf den mittleren Erdgrad 15 geographische Meilen, so beträgt eine Meile 3800$\frac{6}{10}$ Toisen, also ist der Aequatorialdurchmesser ungefähr 1721$\frac{7}{10}$ Meilen, der Polardurchmesser 1716 Meilen groß. Die Erde dreht sich in 23 Stunden 56 Minuten um ihre Axe. Diese Axe ist jetzt um ungefähr 66 Grade 32 Minuten gegen die Erdbahn geneigt (§. 16), und der Neigungswinkel nimmt immer zu. Die Theorie zeigt, daß diese Aenderung in der Lage der Erdbahn eine Folge der Anziehung ist, die alle Planeten auf die Erde ausüben, indem sie dieselbe beständig, nach dem Grundsatz der allgemeinen Schwere (§. 35.), von der Bahn, die sie um die Sonne beschreibt, abzulenken suchen. Zugleich lehrt die Theorie — was die Erfahrung nicht nachweisen kann — daß die Schiefe der Ekliptik periodisch ab- und zunimmt, daß sich aber ihre Lage von einer mittleren Lage nach der einen und der anderen Seite nicht über 1 Grad 21 Minuten entfernt, und daß eine Reihe von Jahrtausenden verfließt, ehe die Zunahme der Schiefe in Abnahme übergeht und umgekehrt.

Solche Störungen in der Bewegung eines kleineren Körpers um einen größeren, die durch einen oder mehrere andere Körper verursacht werden, nennt man P e r t u r b a t i o n e n. Auch die Praecession (§. 15.) ist die Folge einer solchen Störung. So wie sich nemlich die Anziehungskraft, die die Erde auf einen Stein ausübt, ändert, je nachdem er sich am Aequator oder an einem anderen Orte der Erde befindet (§. 27.), so ändert sich auch die Anziehungskraft, die die Sonne auf die Erde ausübt, indem der Mond ebenfalls die Erde anzieht, und so ihre Lage verrückt, so daß der Mittelpunct der Erde, da sie abgeplattet ist, nicht immer von der Sonne in gleicher Entfernung ist, wenn sie sich auch in demselben Puncte ihrer Bahn befindet. Die Wirkung der Sonne und des Mondes vereinigen sich dahin, daß sie den Aequator der Erde von Osten nach Westen zurückziehen, wodurch die scheinbare rückgängige Bewegung des Himmelsäquators entsteht. Wäre die Erde kugelrund, so würde die Erscheinung der Praecession gar nicht statt haben.

## 41.

Von den vorhergehenden Himmelskörpern unterscheidet sich

☾ der Mond

dadurch, daß er sich nicht unmittelbar um die Sonne, sondern um die Erde dreht. Dies ergiebt sich schon daraus, daß er nicht, wie die anderen Planeten, vorwärts und rückwärts zu gehen scheint (§. 28.), sondern sich immer nach derselben Richtung von Westen nach Osten fortbewegt. Man nennt ihn daher den Trabanten der Erde. Seine siderische Umlaufszeit beträgt 27 Tage, 7 Stunden, 43 Minuten, $11\frac{5}{10}$ Secunden. Seine kleinste Entfernung von der Erde beträgt ungefähr 48000 Meilen, die größte 55000, also die mittlere 51500 Meilen; er durchläuft in jeder Stunde ungefähr 500 Meilen. Sein Durchmesser beträgt ungefähr 469 Meilen. Der Mond erscheint uns zu verschiedenen Zeiten in verschiedenen Gestalten. Zuweilen sehen wir ihn als eine runde Scheibe, zuweilen nur als Theil einer solchen Scheibe, und manchmal ist er ganz unsichtbar, obgleich er nach der Berechnung über dem Horizonte stehen muß. Die Ursache dieser verschiedenen Gestalten oder Phasen ergiebt sich aus dem Umstande, daß der Mond ein dunkeler kugelrunder Körper ist, der von der Sonne erleuchtet wird. Die der Sonne zugekehrte Halbkugel ist daher immer erleuchtet, aber diese Halbkugel ist uns nicht immer völlig zugekehrt. Steht der Mond zwischen der Erde und der Sonne, so kehrt er uns die nicht erleuchtete Seite zu (Fig. 12, I), indem man von der Erde aus die Halbkugel A C B sieht, während die Halbkugel A D B erleuchtet wird, alsdann ist Neumond; entfernt er sich mehr nach Osten, so wird ein Theil der erleuchteten Scheibe sichtbar, und wenn er um 90 Grade von der Sonne entfernt ist, so ist er halberleuchtet (erstes Viertel), in Fig. 12., II. ist die Halbkugel C B D erleuchtet, während der Erde die Halbkugel A C B zugekehrt ist. Steht er der Erde gegenüber, so daß diese zwischen ihm und der Sonne steht, so zeigt er uns die völlig erleuchtete Seite, es ist Vollmond (Fig. 12., III.), rückt er dann der Sonne entgegen, so nimmt der erleuchtete Theil wieder ab, bis wir, wenn er noch 90 Grade von der Sonne entfernt ist, nur die Hälfte erleuchtet sehen (letztes Viertel), Fig. 12., IV. Kommt er dann wieder zwischen Sonne und Erde, so wird er uns unsichtbar. Stände die Erde stille, so würde die zwischen einem und dem anderen Neumonde verfließende Zeit die eines siderischen Monats seyn, während des Umlaufs des Mondes ist aber die Erde nach derselben Richtung fortgerückt, und zwar um ungefähr 27 Grade. Diese muß also der Mond noch durchlaufen, um gegen die Erde wieder in dieselbe Stellung zu kommen, hierzu braucht er ungefähr 2 Tage 5 Stunden, so daß der synodische Monat 29 Tage, 12 Stunden, 44 Minuten, $2\frac{8}{10}$ Secunden beträgt.

Warum im Winter der Vollmond sehr hoch, im Sommer nur niedrig über den Horizont herauf kommt.

Der nicht erleuchtete Theil des Mondes ist nicht immer unsichtbar, sondern in der Regel durch ein blasses Licht erhellt, was wahrscheinlich durch die Sonnenstrahlen entsteht, die von der Erde nach dem Monde reflektiert werden; indessen sieht man zuweilen auch den nicht erleuchteten Theil der Venus, was auf die Vermuthung führt, daß die planetarischen Körper ein eigenes blasses Licht haben. Läge die Bahn des Mondes in derselben Ebene wie die Bahn der Erde, so würde jeden Monat bei Vollmond eine Mondfinsterniß, bei Neumond eine Sonnenfinsterniß entstehen, indem im ersten Falle die Erde dem Monde, im zweiten der Mond der Erde das Sonnenlicht entziehen würde. Diese Bahn ist aber gegen die Ekliptik geneigt, und zwar um 5 Grade, 8 Minuten, 48 Secunden, und durchschneidet die Ebene der Ekliptik in zwei Puncten, die man den aufsteigenden und niedersteigenden Knoten nennt, jenen den Punct, wo sich der Mond von Süden nach Norden erhebt, diesen den Punct, wo er von Norden nach Süden herabsteigt. Nur wenn der Mond in oder nahe bei diesen Knoten ist, kann eine Sonnen- oder Mondfinsterniß entstehen. Blieben daher die Knoten unverrückt, so würden die Finsternisse immer in derselben Jahreszeit eintreffen. Die Lage der Mondbahn ändert sich aber fortwährend, und zwar so, daß die Knoten jährlich um 19 Grade, 19 Minuten, $43\frac{4}{10}$ Secunden von Osten nach Westen zurückzugehen scheinen. Daher werden die Knoten nach ungefähr $18\frac{6}{10}$ Jahren wieder in demselben Puncte der Ekliptik eintreffen. Diese Bewegung ist eine Folge der Anziehungskraft, die die Sonne auf den Mond ausübt. Die Sonnenfinsternisse sind immer nur local, weil der Mond für manche Orte Theile der Sonne bedeckt, die an anderen Orten sichtbar sind; dagegen sind die Mondfinsternisse an allen Orten, wo der Mond über dem Horizonte steht, sichtbar, weil der Mond wirklich verdunkelt wird.

Mehr über die Bedingungen, unter welchen eine Finsterniß entsteht, in den Vorlesungen. Partielle, totale Finsterniß, ringförmige Sonnenfinsterniß, Sternbedeckungen.

Entstehung der Benennung Ekliptik.

42.

Schon mit bloßem Auge bemerkt man Flecken im Monde, aber durch Fernröhren betrachtet, zeigt sich der Mond mit einer Menge größerer und kleinerer Flecken übersäet. Diese Flecken sind keine atmosphärische Erscheinung, sondern beständig, und da man immer dieselben an demselben Orte sieht, so folgt hieraus, daß uns der Mond immer dieselbe Seite zukehrt, woraus wieder mit Nothwendigkeit folgt, daß der Mond sich in derselben Zeit um eine Axe dreht, in welcher er sich um die Erde bewegt.

Herr von Biela ist der Meinung, daß der Mond keine Axendrehung habe, Baumgartner's Ztschr. für Phys. Bd. 2. S. 121 ff., doch scheinen seine Bemerkungen mehr scharfsinnig als wahr zu sein.

Man hat die Oberfläche des Mondes, wie sie sich durch Fernröhren zeigt, auf besonderen Charten verzeichnet, die unter dem Namen der Mondcharten bekannt sind. Den besonders merkwürdigen Flecken hat man Namen gegeben; die gebräuchlichste Nomenclatur ist die, welche Riccioli eingeführt hat. Die meisten kleinen Flecken sind mit einem glänzenden Ring umgeben; mit Hülfe der Fernröhren erkennt man in diesen Ringen sogleich ausgehöhlte Berge, da man ganz deutlich sieht, daß sie nach der von der Sonne abgewandten Seite einen Schatten werfen, und da sich die Länge dieses Schattens genau nach dem Stande der Sonne richtet. Im Vollmonde bemerkt man jedoch diese Schatten nicht, weil alsdann die Sonne senkrecht über den uns zugekehrten Bergen steht, die daher keinen Schatten werfen.

Aus der bekannten Höhe der Sonne und der Länge des Schattens läßt sich die Höhe des Berges berechnen. Und so fand Schröter, daß diese Ringgebirge bis zu 7000 Fuß Höhe haben, einzelne Spitzen sind sogar noch höher. Diese Gebirge schließen zum größten Theile nicht Ebenen, sondern vielmehr Gruben ein, wie der in dieselben fallende Schatten deutlich zeigt. Diese Gruben sind oft sehr breit (über 7 Meilen) und tief (bis 18000 Fuß), wodurch sie sich wesentlich von den Kratern unserer Vulcane unterscheiden, wiewohl sie ebenfalls durch vulcanische Ausbrüche entstanden zu seyn scheinen; der jüngere Herschel will sogar deutliche Spuren verschiedener vulcanischer Ablagerungen bemerkt haben. Zuweilen erhebt sich in diesen Gruben wieder ein Berg (Centralberg), der auch zuweilen mehrere tausend Fuß hoch ist, nie aber die Höhe des Ringgebirges erreicht. Durch Vergleichung des Umfangs des aufgeworfenen Ringgebirges mit dem Raume der entsprechenden Grube, hat Schröter gefunden, daß ersteres fast genau letztere ausfüllen würde, so daß die Ringgebirge durch eine Eruption aus den Kratern ausgeworfen zu seyn schienen. Man kann annehmen, daß da, wo die Ringgebirge keine Gruben umschließen, ein Theil der aufgeworfenen Masse wieder zurückfloß und den Krater schloß. Wirklich unterscheidet sich die graue Farbe der ebenen Flächen, die man auf dem Monde findet, von den glänzenden Wänden der Ringgebirge und dem glänzenden Boden der Krater. Es finden sich auch Vertiefungen, die von keinem Berge eingeschlossen und daher mehr unseren Erdfällen gleichen. Von den Ringgebirgen muß man die übrigen Berge, die sich auf dem Monde erheben, wohl unterscheiden, Auch diese zeigen sich als glänzende Puncte, an welche sich ein Schatten anschließt. Sie bilden zuweilen zusammenhängende Bergrücken und erreichen eine Höhe, welche die unserer höchsten Berge übertrifft. Diese Berge trifft man am häufigsten in der südlichen Halbkugel. Die großen grauen Flecken, die man bemerkt, hielt man früher für Meere, bis man bemerkte, daß sie nach allen Richtungen von flachen Bergadern durchschnitten sind und auch einige Krater und höhere Berge enthalten. Später sprach man dem Monde alle Flüsse und überhaupt das Wasser ab, von der Ansicht ausgehend, daß der Mond keine Atmosphäre habe, und also auch keine tropfbare Flüssigkeit enthalten könnte. Den Mangel einer Atmosphäre wollte man besonders dadurch beweisen, daß Sterne, vor welchen der Mond vorübergeht, nie eher verschwinden, als bis sie hinter den Rand desselben treten. Schröter hat aber das

Vorhandenseyn einer Atmosphäre deutlich dargethan, indem er eine Dämmerung auf dem Monde bemerkte, da die Gegenden, die an der Lichtgränze liegen, schon erhellt erscheinen, ehe noch die Sonne über denselben aufgegangen ist. Er leitete hieraus die Höhe der Atmosphäre, die noch Dämmerung bewirkt, zu 2000 Fuß ab. Daß auf dem Monde Wolken und Dünste sind, leidet kaum einen Zweifel. Viele Mondgegenden haben zu verschiedenen Zeiten ein ganz verschiedenes Ansehen, ohne daß sich dies aus dem verschiedenen Stande der Sonne ableiten ließe, vielmehr deutet es auf einen veränderten Zustand der Atmosphäre. Wo aber Wolken sind, muß auch Wasser seyn, und so kann man allerdings Flüsse und Landseen in diesen größeren Flecken vermuthen, die auch ganz das Ansehen von angeschwemmtem Lande haben. Für das Vorhandenseyn des Wassers spricht auch das Ansehen mehrerer Gebirge, die ganz wie verwitterte Ringgebirge aussehen. Sehr bemerkenswerth sind auch noch die schmalen Thäler oder Rillen, die man in den größeren Flecken bemerkt; zwei besonders ausgezeichnete sind in dem sogenannten mare vaporum in der Nähe des Kraters Hyginus. Diese Rillen scheinen Verbindungen zwischen Kratern und Gebirgen zu bilden, wie dies auch die Bergadern thun. Es ist nicht unwahrscheinlich, daß noch jetzt bedeutende Veränderungen auf dem Monde vorgehen. Schröter hat manche bedeutende Einsenkung gefunden, die er bei früheren Beobachtungen nicht bemerkte, und es läßt sich nicht vermuthen, daß sie früher immer von Wolken verdeckt gewesen seyen. Auch scheint es, als ob noch jetzt brennende Vulcane auf dem Monde existierten. Herschel und auch später Schröter haben in dem dunkelen Theile des Mondes helle Puncte gesehen, die man sonst dort gar nicht fand. Freilich erscheinen die hohen Berge auch noch in der Nachtseite des Mondes als helle Puncte, indem ihre Spitzen noch von der Sonne erleuchtet werden; aber diese hellen Puncte sind beständig, während die ersterwähnten wieder verschwanden. Bestimmte Spuren einer Vegetation, lebender Wesen u. s. w. hat man bisher auf dem Monde nicht entdeckt, so viel auch über diesen Gegenstand gesagt worden ist. Auch werden sich solche Gegenstände schwerlich direct erkennen lassen, da man nicht leicht durch Fernröhren einen Gegenstand auf dem Monde bemerken kann, der kleiner als 40 — 50 Fuß ist.

Plutarchus de facie quae in orbe lunae apparet.

Hevelii Selenographia. Dantisci 1667.

Riccioli Almagestum novum. Bononiae 1651. lib. 4 de luna.

Schroeter, Selenotopographische Fragmente. 1r Bd. 1791, 2r Bd. 1802. Mit vielen Kupfern.

Gruithuisen in den Verhandlungen der K. Leopoldinischen Academie Bd. 10 und 11.

Derselbe in Kastner's Archiv für die Naturlehre. Bd. 1 und 2. Diese Abhandlung ist auch besonders abgedruckt, unter dem Titel: Entdeckung vieler deutlicher Spuren der Mondbewohner von Gruithuisen. 1824.

Auch finden sich viele Bemerkungen desselben zerstreut in den Analekten für Erd- und Himmelskunde.

Lohrmann, Topographie der sichtbaren Mondoberfläche. 1te Abthl. mit 6 Kupfertafeln.

Mondcharten hat zuerst Hevelius in dem erwähnten Werke geliefert, bald darauf erschien die weniger vollkommene Riccioli's. Vollständiger und genauer als die Hevelsche Charte ist die, welche Cassini 1680 herausgab, sie ist 1787 noch einmal verbessert von Lalande herausgegeben worden. Genauer als alle vorhergehenden ist Tobias Maier's Charte, die man in dessen Opp. ineditis findet, hier ist zuerst die Länge und Breite der Mondörter angegeben, sie findet sich auch in dem Schröter'schen Werke und ist später verbessert von Gruithuisen herausgegeben worden. In Schröter's Werke finden sich viele Specialcharten. Weit vortrefflicher als alle früheren sind die Charten, die Lohrmann seinem Werke beigegeben hat. Die im Jahre 1832. in Wien erschienene Generalcharte von 14 Zoll Durchmesser ist eine fleißige Zusammenstellung der Schröter'schen Blätter. Sehr vorzügliche Charten hat man bald von den Herrn Mädler und Beer zu erwarten.

## 43.

Die frühere Behauptung, daß der Mond uns immer dieselbe Seite zukehrt (§. 42.), bedarf einer kleinen Berichtigung. Zuweilen sieht man am Rande des Mondes Gegenden, die man zu anderen Zeiten nicht sieht, während wieder am entgegengesetzten Rande Gegenden verschwinden, die sonst sichtbar sind, so daß der Mond zu schwanken scheint, weswegen man auch diese Erscheinung die Libration nennt. Es wirken mehrere Ursachen zusammen, um diese Erscheinung hervorzubringen. Erstens nemlich wendet der Mond nur dem Mittelpuncte der Erde immer dieselbe Seite zu, daher müssen sich uns (besonders beim Auf- und Untergange des Mondes) Gegenden zeigen, die wir nicht sehen, wenn er im Zenith steht. Ferner ist die Axendrehung des Mondes durchaus gleichförmig, dagegen seine Bewegung in der elliptischen Bahn, die er um die Erde beschreibt, ungleichförmig. Aber nur dann könnte er uns immer genau dieselbe Fläche zuwenden, wenn diese Bewegung genau mit der Axendrehung harmonierte. Hierzu kommt noch, daß die Umdrehungsaxe nicht senkrecht auf ihrer Bahn steht. Diese Axe ist um 88 Grade, 29 Minuten, 49 Secunden gegen die Ekliptik geneigt. Indessen erstreckt sich die Wirkung der Libration doch nicht über den 20. Theil der uns abgewandten Fläche, das Uebrige bleibt uns immer unsichtbar.

## 44.

Aus der Anziehungskraft, die der Mond auf die Erde ausübt, erklärt sich die merkwürdige Erscheinung der Ebbe und Fluth. Wenn man sich am Meeresufer befindet, so bemerkt man ein unaufhörliches Steigen und Fallen des Wassers. Zweimal täglich erreicht das Wasser seinen höchsten und seinen tiefsten Stand, doch treffen Ebbe und Fluth nicht jeden Tag zu derselben Zeit ein, vielmehr erfolgen sie an jedem folgenden Tage um 50 Minuten später. Aber auch der Durchgang des Mondes durch den Meridian erfolgt täglich um ungefähr 50 Minuten später, so daß der Durchgang des Mondes durch den Meridian täglich sehr nahe mit dem Zustande des Steigens und Sinkens des Wassers zusammenhängt. Die Entfernung des Mondes von der Erde hat großen Einfluß auf das Phänomen, je näher der Mond der Erde ist, desto stärker ist die Fluth. Auch die Einwirkung der Sonne auf das Phänomen der Ebbe und Fluth ist unverkennbar. Die Fluthen sind in den Tagen um Voll- und Neumond bedeutend höher, und die Ebbe sinkt alsdann bedeutend tiefer als in der Zeit der Mondsviertel, wo die Fluth am wenigsten steigt und die Ebbe am wenigsten sinkt. Jene höchsten Fluthen nennt man Springfluthen, diese niedrigsten Fluthen Nippfluthen. Auch ist die Fluth um die Zeit der Wintersonnenwende, wenn die Erde der Sonne am nächsten ist, höher als zu anderen Zeiten. Die Erklärung dieser Erscheinungen ist nach Newton folgende: Man nehme zur größeren Einfachheit an, es sey die ganze Erde mit Wasser bedeckt. Der Kreis (Fig. 13.) b b′ d d′ bedeute einen Meridian auf der Erde. Das Wasser wird sich daher, wenn keine Anziehungskraft außerhalb der Erde auf dasselbe wirkt, ins Gleichgewicht setzen. Uebt aber der Mond eine Anziehungskraft auf das Wasser aus, so wird er, wenn er in den Meridian des Ortes d′ tritt, das dort befindliche Wasser stärker anziehen, als das übrige weiter von ihm entfernte; es wird also im Puncte d′ eine hohe Fluth entstehen, hierdurch wird aber das früher bestandene Gleichgewicht des Wassers aufgehoben. Indem nun auf den Punct b′ eine höhere Wassersäule drückt, als früher, so muß der Punct b′ so weit weggedrückt werden, bis sich in b′ ebenfalls eine so hohe Wassersäule bildet, daß sie dem Drucke in d′ das Gleichgewicht halten kann, es muß also in b′ ebenfalls hohe Fluth entstehen. Dagegen zieht sich in b und d das Wasser weg, um diese höheren Wassersäulen zu bilden, und es muß daher in diesen Puncten Ebbe seyn. Nach ungefähr 6 Stunden steht der Mond in b; es wird daher in b und d Fluth, in b′ und d′ Ebbe seyn. Nach ungefähr 12 Stunden steht der Mond in b′, und daher wird in b′ und d′ Fluth, in b und d Ebbe seyn. Nach ungefähr 18 Stunden kommt der Mond nach d, daher wird in b und d Fluth, in b′ und d′ Ebbe seyn. Nach ungefähr 24 Stunden kommt der Mond wieder in den Meridian von d′, und die Erscheinungen folgen sich wieder wie früher. Die Sonne zieht ebenfalls das Wasser an, und sie würde daher, wenn der Mond nicht vorhanden wäre, allein, während ihres täglichen scheinbaren Umlaufs, Ebbe und Fluth hervorbringen, die aber, wegen ihrer größeren Entfernung, nicht so bedeutend wäre als die durch den Mond verursachte. Zur Zeit des Neumonds stehen Sonne und Mond in einer geraden Linie mit der Erde, ihre Anziehungskraft verbindet sich, und es muß daher, wenn alsdann der Mond im Meridian des Punctes d′ steht, dort eine größere Fluth als zu anderen Zeiten entstehen, und eben deswegen muß auch im Puncte b′ eine höhere Fluth entstehen. Zur Zeit des Vollmondes stehen wieder Sonne und Mond mit der Erde in gerader Linie, nur ist alsdann die Sonne von dem Monde um 180 Grade entfernt. Steht daher der Mond im Meridiane des Punctes d′, so steht die Sonne im Meridiane des Punctes b′ über dem Horizonte. Es muß daher im Puncte b′ wieder eine höhere Fluth als zu anderer Zeit entstehen, weil das Wasser in diesem Punkte zugleich von der Sonne angezogen wird, eben deswegen muß aber auch, um das Gleichgewicht zu erhalten, in d′ eine eben so hohe Fluth entstehen. Zur Zeit der Mondesviertel dagegen ist die Sonne von dem Monde um 90 Grade entfernt. Steht daher z. B. der Mond im Meridiane des Punctes d′, so wird die Sonne im Meridiane des Punctes b stehen, während nun der Mond das Wasser vom Puncte b wegziehen will, um in d′ hohe Fluth zu bilden, strebt die Sonne, das Wasser in b festzuhalten, um dort hohe Fluth zu bilden; nur ist die Kraft der Sonne schwächer als die des Mondes. Es wird daher in d′ und b′ eine viel geringere Fluth und in b und d eine viel geringere Ebbe als zur Zeit des Voll= und Neumonds entstehen. Nach dieser Theorie sollte an jedem Orte Fluth entstehen, sobald der Mond in den Meridian tritt; in Wahrheit aber erscheint die hohe Fluth, an verschiedenen Orten, zu verschiedenen Zeiten nach dem Durchgang des Mondes durch den Meridian. Dies erklärt sich aus dem Umstande, daß das Wasser nicht augenblicklich der Anziehungskraft des Mondes folgen kann, sondern erst einige Zeit braucht, um sich über den Meeresgrund fortzuschieben, und daß zugleich diese Verzögerung an verschiedenen Orten, wegen Beschaffenheit der Localitäten, verschieden ausfallen muß. Die Höhe der Fluth ist an verschiedenen Orten sehr verschieden, was sich schon daraus erklärt, daß die Erde nicht wirklich, wie es hier angenommen wurde, überall mit einer gleichtiefen Wasserfläche bedeckt ist, sondern vielmehr trockenes Land mit Wasserflächen von verschiedener Höhe abwechseln. In Otahaiti z. B. steigt die Fluth nur um einen Fuß, während sie bei Annapolis die Höhe von 120 Fuß erreichen soll; in Brest steigt die Springfluth bis zu 18 — 19 Fuß. In Flüssen, die nicht mit dem Meere in Verbindung stehen, und in kleineren Meeren, die ganz oder zum größten Theile von Land umgeben sind, bemerkt man keine Ebbe und Fluth. Es wird nemlich auch dort das Wasser in die Höhe gezogen, da aber kein Wasser von fernher zufließen kann, so würde ein lerer Raum entstehen, und daher kann das Wasser dem Zuge nicht folgen. In kleineren Meeren und in der Nähe der Ufer wird die Bewegung des Wassers sehr gestört, daher ist die Zeit der hohen Fluth in verschiedenen Häfen sehr verschieden, wenn diese auch nicht weit von einander entfernt sind.

Gehler's physikal. Wörterbuch, neu bearbeitet etc. Bd. 3, Artikel Ebbe und Fluth.

Whewell, a first approximation to a map of cotidal lines, Philos. Trans. for the year 1833. Part 1.

## 45.

### Der erste der oberen Planeten ist
### ♂ Mars.

Seine siderische Umlaufszeit ist 686 Tage, 23 Stunden, 30 Minuten, 41 Secunden. Seine kleinste Entfernung von der Sonne beträgt 27,800,000 Meilen, die größte 33,600,000 Meilen, also die mittlere 30,700,000 Meilen. Er durchläuft in einer Secunde $3\frac{4}{10}$ Meilen. Sein Durchmesser beträgt 900 Meilen. Die Neigung der Marsbahn gegen die Erdbahn beträgt ungefähr 1 Grad, 51 Minuten. Sein Licht ist röthlich. Er erscheint zuweilen nicht völlig rund, zeigt aber keine deutlichen Phasen, wie dies bei Mercur und Venus der Fall ist, weil er zu weit von der Sonne und Erde absteht, oder mit anderen Worten, weil die Erde, im Verhältniß zur Entfernung des Mars von der Sonne, nie weit von dieser entfernt ist. Auf dem Mars bemerkt man mit Hülfe der Fernröhren Flecken, die, gleich den Flecken auf dem Monde, beständig sind, und zwar scheinen diejenigen, die eine röthliche Farbe haben, festes Land, diejenigen dagegen, die eine grünliche Farbe haben, Meere zu seyn. Besonders merkwürdig sind die glänzenden kreisförmigen Flecken, die man immer am südlichen und nördlichen Pole dieses Planeten bemerkt. Diese Flecken sind sehr breit, wenn die Sonne erst an dem Pole aufgegangen ist, und die Breite nimmt allmälich ab, so wie die Sonne höher steigt, bis sie stationär wird; alsdann nimmt sie nach kurzer Zeit wieder zu, so wie die Sonne tiefer herabsinkt. Diese Erscheinung ist so beständig, daß die Erklärung große Wahrscheinlichkeit hat, nach welcher man hier etwas unserem Schnee Aehnliches sieht. Doch sind die Streifen nicht immer kreisförmig, was man entweder daraus erklären kann, daß manche Stellen (z. B. Meere) sich nicht so leicht mit Schnee bedecken als andere, oder auch dadurch, daß uns manchmal einzelne Stellen durch atmosphärische Zustände verborgen werden. Aus der Bewegung der Flecken hat der ältere Herschel gefunden, daß sich Mars in ungefähr 24 Stunden 39 Minuten um eine Axe dreht, die um 61 Grade 18 Minuten gegen seine Bahn geneigt ist. Neuere Beobachter behaupten, alle Flecken auf dem Mars seyen beständig; da jedoch Schröter veränderliche Flecken gesehen hat, die sogar eine eigenthümliche, nicht mit der Axendrehung übereinstimmende, Bewegung hatten, so scheint es, als ob man zwei Arten von Flecken auf dem Mars annehmen müßte, beständige, die von bestimmten Localitäten herrühren, und veränderliche, die atmosphärischen Ursprungs sind. Uebrigens ist die ältere Ansicht, daß Mars eine sehr ausgedehnte Atmosphäre habe, durch neuere Beobachtungen nicht bestätigt worden. Ob die Marskugel sehr abgeplattet ist oder nicht, ist bis jetzt noch nicht entschieden. Nach Herschel beträgt die Abplattung ungefähr $\frac{1}{16}$ des Aequatorialdurchmessers, nach Schröter dagegen, für dessen Meinung die langsame Axendrehung spricht, höchstens $\frac{1}{80}$. Es ist merkwürdig, daß Herr Hofrath Harding, der mit Schröter gemeinschaftlich den Mars beobachtete und ebenfalls keine Abplattung bemerkte, später ein Mal im Jahre 1824 den Mars ebenso abgeplattet gesehen hat wie ihn Herschel sah. Er glaubt, diese Abplattung sey nur scheinbar, und rühre von besonderen Zuständen auf Mars her.

On the remarkable Appearances at the Polar Regions of the Planet Mars etc. by W. Herschel. Philos. Transact. 1784.

Physische Betrachtungen des Mars von Wilhelm Beer und J. H. Mädler. Berlin 1831. Man vergl. auch Schumacher's astron. Nachrichten. Bd. 8. Nr. 191.

South on the extensive atmosphere of Mars. Philos. Transact. 1833. Part 1, auch 1831. Part 1.

Harding in dem Berl. astron. Jahrb. für 1828. S. 173 ff.

Schröter's areographische Fragmente nebst 224 Abbildungen sind leider bis jetzt nicht erschienen.

## 46.

Auf Mars folgt der Planet

### ♃ Jupiter.

(Man vergleiche jedoch §. 52.).

Seine siderische Umlaufszeit ist 4332 Tage, 14 Stunden, 2 Minuten, 9 Secunden (ungefähr 12 Jahre). Seine kleinste Entfernung beträgt 99,700,000

Meilen, die mittlere 104,750,000 Meilen, die größte 109,800,000 Meilen. Er durchläuft in einer Secunde $1\frac{9}{10}$ Meilen. Sein Durchmesser beträgt ungefähr 18,700 Meilen. Die Ebene der Jupitersbahn ist gegen die Erdbahn um 1 Grad, 18 Minuten, 51 Secunden geneigt. Mit Hülfe der Fernröhren sieht man beständig auf Jupiter helle und dunkele Streifen, die in der Regel eine bestimmte Richtung haben. Doch ändert sich ihre Lage und ihre Breite zuweilen. Auch bemerkt man einzelne Zweige, die von ihnen ausgehen, wie auch dunkele Flecken, die sich in denselben befinden. Ihre Beobachtung hat ergeben, daß sich Jupiter in ungefähr 9 Stunden 56 Minuten von Westen nach Osten um eine Axe dreht, die fast senkrecht auf seiner Bahn steht. Aus dieser schnellen Umdrehung erklärt sich auch seine starke Abplattung, die ungefähr $\frac{1}{15}$ seines Aequatorialdurchmessers beträgt, der sich zum Polardurchmesser wie 107 zu 100 verhält. Die Beobachtung verschiedener Flecken giebt nicht genau dieselbe Umdrehungszeit, und hieraus kann man schließen, daß diese neben der Umdrehungsbewegung noch eine eigene Bewegung haben müssen. Die dunkelen Streifen entstehen wahrscheinlich durch Trübungen in der Jupitersatmosphäre; ob aber die helleren Streifen den wolkenfreien Theil der Atmosphäre ausmachen, oder den eigentlichen Körper des Planeten zeigen, ist zweifelhaft. Die Farbe des Jupiter ist gelblich weiß. Vier Monde (Trabanten, Satelliten) drehen sich beständig, genau die Kepplerschen Gesetze (§. 32.) befolgend, um Jupiter, die zuerst von Galiläi (den 8. Januar 1610.), vielleicht schon etwas früher von Simon Mayer (im November 1609.) entdeckt worden sind. Die Umlaufszeit des ersten beträgt 1 Tag, 18 Stunden, 28 Minuten, die des zweiten 3 Tage, 13 Stunden, 14 Minuten, die des dritten 7 Tage, 3 Stunden, 43 Minuten, die des vierten 16 Tage, 16 Stunden, 32 Minuten. Die Ellipsen, die sie beschreiben, sind wenig von Kreisen verschieden. Der mittlere Abstand des ersten Mondes beträgt ungefähr 57,000 Meilen, des zweiten 90,000, des dritten 144,000 und der des vierten 252,000 Meilen. Der erste Mond hat 560 Meilen im Durchmesser, der zweite 460, der dritte 820, und der vierte 570 Meilen. Der erste erscheint auf Jupiter so groß wie uns der Mond erscheint, der zweite und dritte halb so groß, der vierte ein Viertel so groß. Dagegen erscheint Jupiter dem ersten, zweiten, dritten und vierten Monde 37, 23, 14, 8 mal so groß als uns die Sonne. Die Bahnen, in welchen sich diese Monde bewegen, haben nur eine sehr geringe Neigung gegen die Ebene seines Aequators. Da aber diese Ebene fast in der Bahn des Jupiters liegt, und diese Bahn nur eine sehr geringe Neigung gegen die Erdbahn hat, so sieht man die Monde immer in einer geraden Linie mit dem Planeten, und sie scheinen sich in geraden Linien fortzubewegen. Die Monde erscheinen nicht immer mit gleich starkem Lichtglanze, was nur davon herrühren kann, daß sie uns nicht immer dieselbe Seite, sondern verschiedene Seiten zeigen, die das Licht nicht gleich stark zurückwerfen. Dieser Lichtwechsel ist vollkommen regelmäßig und zwar am beständigsten und auffallendsten bei dem vierten Trabanten. Nur zuweilen bemerkt man in der Lichtperiode Unregelmäßigkeiten. Schröter und Herschel haben aus der Beobachtung der Lichtwechsel geschlossen, daß die

Trabanten dem Jupiter immer dieselbe Seite zukehren, und hieraus folgt, daß sie sich in derselben Zeit um eine Axe drehen, in welcher sie sich um Jupiter bewegen. Nach Herschel's Beobachtungen zeigt sich zu verschiedenen Zeiten ein beträchtlicher Unterschied in der Größe der Trabanten. Am einfachsten erklärt sich dies aus der Annahme, daß gewisse Stellen fast gar kein Licht reflectieren, und daher, wenn sie uns auch zugekehrt sind, doch unsichtbar bleiben. Die Farbe des vierten Trabanten ist von der der übrigen, die weißes Licht haben, sehr verschieden.

## 47.

Die Jupitersmonde werden eben so durch den Schatten, den Jupiter wirft, verdunkelt, wie der Mond durch den Schatten der Erde, und Jupiter wird zuweilen durch den Schatten des Trabanten verdunkelt, so wie der Mond der Erde das Sonnenlicht entzieht. Man bemerkt oft ganz deutlich, wie die Trabanten einen Schatten auf den Jupiter werfen, und ebenso sieht man, wie die Trabanten oft, wenn sie weit von Jupiter entfernt sind, plötzlich verschwinden, indem sie in seinen Schatten treten — man nennt dies den Eintritt der Trabanten — und ebenso plötzlich wieder erscheinen, indem sie aus demselben treten — man nennt dies den Austritt der Trabanten. Hieraus folgt, daß Jupiter und seine Trabanten dunkele, von der Sonne erleuchtete Körper sind. Wenn die Trabanten von Westen nach Osten rücken, so sieht man sie nie auf der Scheibe des Jupiter, sondern nur, wenn sie von Osten nach Westen rücken; hieraus folgt, daß sie sich von Westen nach Osten um den Planeten drehen. Uebrigens sind die Verfinsterungen der Jupiterstrabanten viel häufiger, als die Mondfinsternisse, weil der Schatten des Jupiter größer und länger ist, als der Erdschatten, indem Jupiter selbst viel größer, und weiter von der Sonne entfernt ist als die Erde. Auch sind die Jupitersmonde viel kleiner im Verhältniß zu Jupiter als der Mond im Verhältniß zur Erde, und ihre Bahnen sind verhältnißmäßig viel enger und viel weniger gegen die Bahn des Planeten geneigt. Daher werden die drei ersten Jupitersmonde bei jedem Umlauf gänzlich verfinstert, der vierte dagegen wird zuweilen, freilich selten, nur theilweise verfinstert. Doch kann man nicht immer von der Erde aus die Eintritte und Austritte sehen. Kommt Jupiter in der Morgendämmerung zum Vorschein, so ragt sein Schatten nur ein Wenig westlich hervor, alsdann sind nur die Eintritte sichtbar. Die Austritte dagegen sind unsichtbar, weil sie hinter Jupiter geschehen. Je weiter sich Jupiter von der Sonne entfernt, desto mehr ragt sein Schatten westlich hervor. Steht Jupiter um 90 Grade von der Sonne entfernt, so daß er ungefähr um 6 Uhr Morgens durch den Meridian geht, so hat der Schatten seine größte westliche Entfernung von Jupiter, alsdann sieht man die Ein- und Austritte des dritten und vierten Trabanten. Alsdann rückt der Schatten wieder dem Jupiter näher, und wenn Jupiter um 180 Grade von der Sonne entfernt ist, so daß er aufgeht, wenn die Sonne untergeht, so liegt der Schatten ganz hinter ihm, so daß man alsdann weder Eintritte noch Austritte sieht. Rückt nun Jupiter der Sonne wieder näher, so fängt der

Schatten an, an der östlichen Seite des Jupiter hervorzuragen, und man sieht nur die Austritte. Steht Jupiter noch 90 Grade von der Sonne entfernt, so daß er um 6 Uhr Abends durch den Meridian geht, so ragt der Schatten am weitesten ostwärts hervor, alsdann sind auch die Eintritte des dritten und vierten Trabanten sichtbar. Je mehr Jupiter sich nun der Sonne nähert, desto mehr rückt der Schatten hinter denselben, und die Austritte sind nur näher bei Jupiter sichtbar, bis zuletzt Jupiter wieder mit der Sonne zusammenkommt und der Schatten ganz hinter ihm liegt, so daß man weder Eintritte noch Austritte sieht.

Ueber die Bestimmung der geographischen Länge durch die Verfinsterungen der Jupiterstrabanten.

Galilei Galilei nuncius sidereus. Opere T. 2. p. 1. seqq.

Simon Marii mundus jovialis. Norimb. 1614.

Astronomical observations on the rotation of the Planets round their axis etc., in a letter from W. Herschel. Philos. Transact. for the year 1781. p. 115.

Observations of the changeable brightness of the Satellites of Jupiter etc. by W. Herschel. Philos. Transact. for the year 1797. p. 332.

J. H. Schröter's Beiträge zu den neuesten astronomischen Entdeckungen. Berlin 1788. p. 1 — 137. Desselben Beiträge zu den neuesten astron. Entdeckungen. Bd. 2. S. 1. — 424.

Ebendas. Miscellen p. 1—15.

## 48.

Beobachtet man eine lange Zeit hindurch die Verfinsterungen eines Jupiterstrabanten, und berechnet daraus im Durchschnitt die Zeit, nach welcher jedesmal eine solche Verfinsterung eintritt, so findet man, daß die Verfinsterungen früher eintreffen, wenn die Erde zwischen der Sonne und Jupiter steht, dagegen aber später, wenn die Sonne zwischen der Erde und Jupiter steht, und zwar treffen die Verfinsterungen bei der ersten Stellung um ungefähr 16 Minuten $26\frac{6}{10}$ Secunden früher ein als bei der zweiten. Diese Bemerkung machte zuerst ein dänischer Astronom, Olaf Römer, im Jahre 1675, und er erklärte diese Erscheinung auf folgende Weise: Die Bahn des Jupiter ist sehr wenig gegen die Erdbahn geneigt, man kann daher hier zur größeren Einfachheit annehmen, daß sich beide Planeten in einer Ebene bewegen und Ellipsen beschreiben, die eine gemeinschaftliche große Axe haben, in deren einem Brennpuncte die Sonne steht. Befindet sich daher die Erde in E, die Sonne in S, und Jupiter in J (Fig. 14.), so steht Jupiter um den ganzen Durchmesser der Erdbahn weiter von der Erde ab, als wenn sich Jupiter in J′ befindet. Man braucht daher nur anzunehmen, daß das Licht ungefähr 16 Minuten $26\frac{6}{10}$ Secunden braucht, um den Durchmesser der Erdbahn, d. h. ungefähr 41 Millionen Meilen zu durchlaufen, oder daß es in einer Secunde ungefähr 41,000 Meilen durchläuft, um zu erklären, warum man die Verfinsterung um die angegebene Zeit früher sieht, wenn Jupiter in J′ steht, als wenn er in J steht. Diese Hypothese von der Schnelligkeit der Fortpflanzung des Lichtes ist auf das Gründlichste bestätigt worden durch eine andere Erscheinung, die später (§. 63.) vorkommen wird.

49.

Der nun folgende Planet

♄ Saturn

braucht 10759 Tage, 5 Stunden, 16 Minuten, 32 Secunden (ungefähr $29\frac{1}{2}$ Jahre), um seine Bahn um die Sonne zu durchlaufen. Seine größte Entfernung beträgt ungefähr 202,940,000 Meilen, die kleinste 181,350,000 Meilen, also die mittlere ungefähr 192,150,000 Meilen. Er durchläuft in jeder Secunde $1\frac{4}{10}$ Meilen. Sein Durchmesser beträgt ungefähr 17000 Meilen. Seine Bahn ist gegen die Erdbahn um 2 Grade, 29 Minuten, $35\frac{7}{10}$ Secunden geneigt. Seine Farbe ist matt weiß. Der Saturn hat ähnliche helle und dunkele Streifen wie Jupiter, nur sind sie breiter und weniger scharf begränzt, auch bemerkt man oft große dunkele Flecken auf dem Saturn. Aus ihrer Beobachtung hat der ältere Herschel geschlossen, daß sich Saturn in 10 Stunden, 16 Minuten, 44 Secunden um eine Axe dreht, und daß die Streifen dem Aequator des Planeten parallel sind. Diese Axe ist um ungefähr 60 Grade gegen die Ekliptik geneigt.

Bald nachdem man anfing, den Saturn durch Fernröhren zu betrachten, fand man seine Gestalt veränderlich. Bald erschien er wie eine Kugel, bald sah man an seinen Seiten zwei Ansätze, wie Henkel, die wieder bald enger bald weiter waren. Der berühmte Huyghens erklärte diese Erscheinung zuerst im Jahre 1660 dadurch, daß der Saturn von einem freischwebenden Ringe umgeben sey, der uns in seinen verschiedenen Lagen die verschiedenen Gestalten zeigen müßte. Der Ring schwebt gerade über dem Aequator des Saturn und ist also gegen die Ekliptik um etwa 30 Grade geneigt, in welcher Lage er immer bleibt. Daher erblicken wir ihn nicht als Kreis, sondern als eine bald mehr bald weniger breite Ellipse. Der Ring kommt bei dem dreißigjährigen Umlauf des Saturn zweimal in eine solche Stellung gegen die Sonne, daß nur sein sehr dünner Rand oder, wie man sagt, seine Schneide erleuchtet wird. Alsdann sieht man durch mäßig starke Fernröhren gar nichts von dem Ringe, und nur durch sehr starke Fernröhren sieht man ihn wie eine feine Linie, die sich an beiden Seiten der Saturnskugel hinzieht. Diese merkwürdige Erscheinung des Verschwindens des Ringes findet daher alle 15 Jahre statt. Schon ältere Beobachter bemerkten, daß man auf der breiten Fläche des Ringes eine schwarze Linie sieht, die ihn in zwei ungleiche Theile theilt. Dies wurde zuerst von Herschel und später von Schröter sorgfältig untersucht, und sie schlossen daraus, daß der Ring eigentlich aus zweien bestehe, zwischen welchen sich der dunkele Himmelsraum zeigt. Die Meinung, daß dieser dunkele Raum vielleicht ein fester Körper seyn könnte, der beide Ringe verbindet und kein Licht zurückwirft, wird schon dadurch widerlegt, daß man sonst keinen so dunkelen Streifen oder Flecken sieht, der nicht atmosphärischer Natur wäre. Auch spricht dagegen die Analogie des dunkelen Raumes, der sich zwischen Saturn und dem Ringe befindet, welcher auf keine Weise etwas Anderes als leerer Raum seyn kann, da man den Schatten sieht, den der Ring auf den darunter befindlichen Theil der Kugel wirft; es bleibt jedoch merkwürdig, daß man bis jetzt noch nie einen Fixstern in diesem Raume gesehen hat. Viele ältere Beobachter wollen auch mehr als einen dunkelen Streifen auf dem Ringe gesehen haben, woraus das Daseyn von mehr als zwei Ringen hervorgienge. Auch Herschel beobachtete im Juni 1780 viermal einen zweiten Streifen im äußeren Ringe, sah ihn aber später nie wieder. In der neuesten Zeit hat Kater diesen Ring in wenigstens vier Theile getheilt gesehen, während er zu einer anderen Zeit nur den gewöhnlichen Streifen bemerkte. Man müßte daher, um diese Beobachtungen zu vereinigen, annehmen, daß diese Streifen nur zu gewissen Zeiten bei besonders günstiger Beleuchtung sichtbar sind (Memoirs of the Astronom. Society of London. Vol. 4. P. 2.). Herr Schwabe in Dessau hat zuerst bemerkt, daß Saturn nicht in der Mitte des Saturnsringes schwebt; sondern vielmehr dieser Ring excentrisch gegen Saturn ist, und zwar so, daß immer das östliche Ende des Ringes weiter von Saturn entfernt ist, als das westliche. Zugleich hat er bemerkt, daß diese Excentricität in 70 bis 80 Stunden periodisch ab- und zunimmt. Der Ring ist heller als der helle Planet, und wahrscheinlich wie dieser ein fester Körper. Der scharfbegränzte schwarze Schatten, den er auf den Planeten und der Planet auf ihn wirft, erlauben schwerlich, anzunehmen, daß die ganze Masse flüssig sey. Aus Struve's Messungen (Schum. astron. Nachr. Bd. 6. S. 392.) finden sich folgende Verhältnisse:

Der äußere Durchmesser des äußeren Ringes beträgt ungefähr 37800 Meilen,

der innere Durchmesser des äußeren Ringes beträgt ungefähr 33300 Meilen,

die Breite des äuß. Ringes = 2750 =

der äußere Durchmesser des inneren Ringes beträgt ungefähr 32500 Meilen,

der innere Durchmesser des inneren Ringes beträgt
ungefähr 25150 Meilen,

die Breite des inner. Ringes = 3675 =

der schwarze Streifen zwischen den Ringen beträgt
ungefähr 390 Meilen,

der Zwischenraum zwischen dem Planeten und dem
inneren Ringe beträgt ungefähr 4100 Meilen.

Nach Schröter beträgt die Dicke der Ringe ungefähr 113 Meilen, nach den Messungen des jüngeren Herschel dagegen gewiß nicht über 22 Meilen. Der ältere Herschel schloß aus seinen Beobachtungen, daß sich der Ring um eine Axe drehe, während Schröter aus seinen Beobachtungen folgerte, daß der Ring überhaupt keine Umdrehung habe. Zur deutlichen Einsicht in diesen Streit muß zuerst Einiges von den Monden des Saturn gesagt werden. Diese sind sieben an der Zahl. Den sechsten (wenn man den dem Planeten am nächsten stehenden den ersten nennt) und größten hat Huyghens entdeckt; den dritten, vierten, fünften und siebenten hat zuerst Cassini gegen Ende des 17ten Jahrhunderts gefunden, den ersten und zweiten hat zuerst Herschel in den Jahren 1787 und 1789 gesehen. Die Entdeckung dieser Trabanten war schwieriger, als die der Jupiterstrabanten, weil sie klein sind und sich weit von Saturn entfernen, also leicht mit Fixsternen verwechselt werden. Auch sind ihre Bahnen gegen die Erdbahn sehr geneigt, und sie können daher nach allen Richtungen um den Saturn herum stehen, während die Jupiterstrabanten fast immer in der Ebene seines Aequators stehen. Besonders schwierig war die Entdeckung des ersten und zweiten Trabanten wegen der Schwäche ihres Lichtes, die noch dadurch vermehrt wird, daß sie dem hellen Planeten sehr nahe stehen. Daher können sie nur mit Hülfe der stärksten Fernröhren und auch dann nur unter besonders günstigen Umständen gesehen werden. Die Umlaufszeiten der Trabanten und ihre Abstände von dem Planeten sind ungefähr folgende:

| | Umlaufszeit. | | | Abstand. |
|---|---|---|---|---|
| 1r Trab. | | 22 St. | 38 Min. | 28500 Meil. |
| 2r „ | 1 Tag | 8 „ | 53 „ | 36500 „ |
| 3r „ | 1 „ | 21 „ | 18 „ | 45000 „ |
| 4r „ | 2 „ | 17 „ | 45 „ | 58000 „ |
| 5r „ | 4 „ | 12 „ | 25 „ | 81000 „ |
| 6r „ | 15 „ | 22 „ | 41 „ | 188000 „ |
| 7r „ | 79 „ | 7 „ | 55 „ | 547000 „ |

Nach Schröter's Messungen ist der Durchmesser des 3ten Trabanten 143 Meilen, des 4ten 143 Meilen, des 5ten 360 Meilen, des 6ten 1046 Meilen, des 7ten 618 Meilen (s. dessen hermogr. Fragmente. Thl. 2, S. 255.). Schon Cassini hatte bei dem siebenten Trabanten im Jahre 1705 einen Lichtwechsel bemerkt und daraus auf dessen Rotation geschlossen, widerrief jedoch später seine Behauptungen; auch Bernard beobachtete einen Lichtwechsel im Jahre 1737. Herschel aber hat die Axendrehung dieses Trabanten außer allen Zweifel gesetzt, indem er den periodischen Lichtwechsel durch 10 Perioden verfolgte, und schloß daraus, daß der Trabant sich in derselben Zeit um eine Axe dreht, in welcher er sich um den Planeten bewegt. Dasselbe hat Schröter bei allen fünf früher bekannten Trabanten beobachtet. Die Bahnen der Herschelschen Trabanten liegen genau in der Ebene des Ringes, daher sah sie Herschel anfangs nebst mehreren der länger bekannten auf der feinen Linie, die der Ring damals bildete, wie aufgereihete Perlen, so daß es scheinen konnte, als seyen es bloß erhabene, auf dem Ringe befindliche Gegenstände. Herschel sah sie aber bald sich von dem Ringe ablösen und einer eigenen Bewegung folgen. Bedenkt man, daß die beiden innersten Trabanten sehr klein sind, so müßte man schon aus dem Umstande, daß sie auf beiden Seiten des Ringes hervorragten, schließen, daß dieser außerordentlich dünn ist, wenn man nicht mit Herschel annehmen will, daß sie durch eine starke Strahlenbrechung in der Atmosphäre des Ringes auf beiden Seiten gehoben wurden. Daß der Ring wirklich, wie der Planet selbst, von einer dichten Atmosphäre umgeben ist, leidet an und für sich keinen Zweifel, da zufällige Aufheiterungen und Verdichtungen nicht zu verkennen sind.

## 50.

Herschel bemerkte bald, daß nicht alle Flecken oder helle Puncte, die er und Andere vor ihm auf dem Ringe bemerkt hatten, Trabanten seyn konnten, vielmehr beobachtete er besonders fünf, die immer auf der Fläche des äußeren Ringes waren, und der hellste und am genauesten beobachtete drehte sich in 10 Stunden, 32 Minuten, 15 Secunden einmal herum, so daß Herschel keinen Anstand nahm, zu erklären, es drehe sich der Ring in dieser Zeit um eine Axe. Dieses Resultat der Beobachtung wurde durch die späteren theoretischen Untersuchungen Laplace's bestätigt, der mit Hülfe des dritten Keppler'schen Gesetzes (§. 32.) ungefähr dieselbe Umdrehungszeit herausbrachte. Zugleich erklärte sich Herschel gegen die Idee, daß diese hellen Puncte Erhabenheiten seyen, weil sie sonst eine ungeheure Höhe haben müßten; vielmehr bemerkte er, daß ein heller und scheinbar hervorragender Punct existieren könnte, ohne daß eine bedeutende Erhöhung auf dem Ringe sey, weil jedes lebhafte Licht in der Ferne das Ansehen hat, als ob es weit über den Körper hervortrete, auf welchem es sich befindet. Schröter dagegen behauptet, der Ring habe gar keine Umdrehung, vielmehr bilde er ein unverrückbares Kreisgewölbe um Saturn. Seine Gründe sind folgende. Im Jahre 1803, als der Ring wie eine feine Linie erschien, wurde mehr als 5 Monate hindurch der östliche Theil dieser Linie immer feiner und lichtmatter gesehen als der westliche. Es muß also ein Theil des Ringes schwächer erleuchtet seyn als der andere; hätte aber der Ring eine Umdrehung, so hätte dieser Theil bald auf der einen bald auf der anderen Seite erscheinen müssen. Ferner wurden während dieser Zeit ein heller Punct in der westlichen Ringlinie und zwei andere kleinere in der östlichen wahrgenommen, die immer dieselbe Lage, ohne alle Verrückung, behielten. Diese fixen Puncte hält Schröter für Berge und berechnet aus dem Vergleich ihrer scheinbaren Höhe mit der des Ringes, daß sie die fast unglaubliche Höhe von mehreren hundert Meilen haben mußten. Freilich würde die Schätzung ihrer Höhe viel kleiner ausfallen, wenn man die Höhe oder Dicke des Ringes nach der Bestimmung des jüngeren Herschel berechnete. Immer aber würden diese Berge viel höher seyn, als die Basis, auf der sie ruhen, was gegen die Analogie des Baues aller übrigen Himmelskörper ist. Noch auffallender ist aber Folgendes: Die so eben erwähnten Beobachtungen Schröter's wurden alle in der Zeit gemacht, als die südliche Ringfläche von der Sonne erleuchtet wurde. Als nun aber die Sonne für diesen Theil der Ringfläche untergieng und man die nördliche erleuchtet sah, so erblickte man wieder den hellen Fleck auf der westlichen Ringlinie in eben derselben fixen Stelle der nördlichen Fläche, in welcher man ihn früher auf der südlichen Fläche gesehen hatte, und eben so erblickte man in der nördlichen Fläche den helleren der beiden Flecken in der östlichen Ringlinie, die man früher in der südlichen Fläche gesehen hatte. Da aber die Sonne schon sehr tief unter dem Horizonte der südlichen Fläche stand, so läßt sich nicht annehmen, daß diese Flecken oder Berge auf der südlichen Fläche sich befanden, und von der untergegangenen Sonne noch beleuchtet wurden, weil sie alsdann eine alle Gränzen übersteigende Höhe hätten haben müssen. Vielmehr muß man annehmen, daß an beiden Seiten der Ringfläche Berge von mehreren hundert Meilen Höhe emporsteigen, die zusammen einen Durchmesser haben, der den des Mercur übertrifft. Dies ist an und für sich unwahrscheinlich. Noch schwerer aber ist es, die Ansicht Schröter's mit den Begriffen der Mechanik zu vereinigen. Ruht der Saturnsring, so kann er sich allerdings freischwebend erhalten, so lange er überall gleich weit von Saturn absteht. So wie aber der Ring durch die Attraction irgend eines fremden Körpers nur ein Bischen auf einer Seite dem Saturn näher gebracht würde, so würde auch dort die Anziehungskraft des Planeten stärker wirken, und der Ring würde unfehlbar auf den Saturn stürzen, sobald er nicht durch die Centrifugalkraft zurückgehalten würde. Hierzu kommt noch, daß man, wie schon erwähnt worden, allerdings eine Veränderlichkeit in der Lage des Ringes bemerkt hat. Außerdem könnte auf der Breite des Ringes gar kein loser Gegenstand bleiben, weil er unfehlbar auf den Saturn stürzen müßte. Man hat daher die Schröter'schen Beobachtungen mit der Voraussetzung einer Umdrehung des Ringes zu vereinigen gesucht, und namentlich hat der berühmte Olbers die unverrückten Lichtpuncte aus folgender Betrachtung zu erklären gesucht: Es sey (Fig. 15.) A die Saturnskugel, B der Zwischenraum zwischen Saturn und dem Ringe, C der Ring, den man sich als einen einzigen ungetheilten denken kann. Wird nun die breite Fläche des Ringes von der Sonne erleuchtet, während unser Auge nur wenig höher steht, als diese Ebene, so erscheint uns der Ring wie eine feine Linie. Jeder Punct in dieser Linie wird durch einen Theil des Ringes gebildet, über welchen dort unser Auge streift. Je breiter dieser Theil ist, desto stärker muß auch das Licht seyn, welches der ihm entsprechende Punct in der Ringlinie hat. Offenbar müssen daher die Puncte der Ringlinie am hellsten erscheinen, die unmittelbar an den Zwischenraum B gränzen, weil die Linien d e und l m länger sind, als alle übrigen, die man durch die erleuchtete Fläche des Ringes ziehen kann. Es müssen sich daher dort zwei Lichtknoten zeigen, und diese müssen natürlich immer an derselben Stelle erscheinen, wie sich auch der Ring umdrehen mag. Die Lage des einen Lichtknotens auf der westlichen Ringlinie stimmt mit dieser Erklärung sehr gut überein, weniger die Lage des einen östlichen. Schwerer aber ist es zu erklären, warum sich auf der östlichen Seite zwei Knoten zeigten. Was die andere Erscheinung betrifft, daß die östliche Ringlinie immer lichtmatter erschien, als die westliche, so muß man, um sie zu erklären, annehmen, daß die beiden Ringe eine Neigung gegen einander haben, so daß der eine Ring, als Schröter seine Beobachtungen anstellte, auf die Ostseite des anderen einen starken Schatten warf, von der Westseite aber nur wenig bedeckte; daher mußte die östliche Ringlinie lichtschwächer als die westliche erscheinen. Uebrigens hat Herr Hofrath Harding im December 1832, und im Juni 1833, als der Ring wieder wie eine feine Linie erschien, die Schröter'schen Beobachtungen vollkommen bestätigt gefunden (kleine astron. Ephemeriden für das Jahr 1834. p. 134.).

Daß der Saturn und sein Ring von einer Atmosphäre umgeben sind, geht auch aus vielen Beobachtungen hervor, die sich nur durch die Strahlenbrechung erklären lassen. Hieraus erklärt sich auch der Umstand, daß man den Saturn zu verschiedenen Zeiten in ganz verschiedener Gestalt sieht. Herschel hat den Saturn nicht in der Gestalt einer abgeplatteten Kugel gesehen, sondern vielmehr wie ein Viereck, dessen Seiten stark abgerundet waren. Schröter hat ihn zwar immer als abgeplattete Kugel gesehen, jedoch fand er die Größe der Abplattung zu verschiedenen Zeiten sehr verschieden, was sich sehr gut erklären läßt, sobald man annimmt, daß in der Atmosphäre des Saturn starke Veränderungen vorgehen, durch welche die Strahlenbrechung in derselben geändert wird.

Man hat die Ansicht geäußert, der Ring sey zur Erleuchtung des Saturns bestimmt. Eine genauere Ueberlegung zeigt aber, daß dies nicht der Fall seyn kann. Da der Ring den Aequator des

Saturn umgiebt, so sieht man ihn freilich dort, von der einen Seite des Horizontes aufsteigend, durch das Zenith gehen und auf der anderen Seite des Horizontes sich herabsenken. Des Nachts aber wird der größte Theil durch den Schatten, welchen Saturn auf ihn wirft, verdeckt. In den Polargegenden des Saturn wird man von dem Ringe wenig oder gar Nichts sehen. Nur zwischen dem Pol und dem Aequator werden einige Gegenden seyn, wo man ihn vortheilhaft sieht. Aber auch dort wird man ihn immer nur 15 Jahre, so lange die innere Ringfläche von der Sonne beschienen wird, sehen. Tritt aber die Sonne auf die andere Seite des Ringes, so wird dieser nur dazu dienen, während 15 Jahren jenen Gegenden das Sonnenlicht zu entziehen.

Christ. Hugenii systema Saturninum. Hag. 1649.

Account of a sixth and seventh satellite of the Planet Saturn etc. by Herschel. Phil. Transact. 1790. p. 1.

On the satellites of the Planet Saturn, and the rotation of its ring, by Herschel, Phil. Transact. 1790. p. 427.

On the ring of Saturn and the rotation of the fifth satellite upon its axis by Herschel. Phil. Transact. 1792. p. 1.

Observations of a quintuple belt on the Planet Saturn etc., by Herschel. Phil. Transact. 1794. p. 28.

Observations on the singular figure of the Planet Saturn, by Herschel. Phil. Transact. 1805. p. 272.

Observations and remarks on the figure ... of Saturn and its ring by Herschel. Phil. Transact. 1806. p. 455.

Observations ... to which is added an account of a new irregularity in the apparent figure of the Planet Saturn, by Herschel. Philos. Transact. 1808. p. 145.

Schröter's kronographische Fragmente. 1r Theil. Göttingen 1808. Der zweite Theil ist leider im Jahre 1813 verbrannt.

Ueber die Excentricität des Saturnsringes vergl. kleine astron. Ephemeriden für das Jahr 1833, Schum. astron. Nachr. Bd. 10. Nr. 239.

## 51.

Der entfernteste der uns bekannten Planeten ist

♅ Uranus. (Georgium sidus, Herschel.)

Seine siderische Umlaufszeit beträgt 30686 Tage, 19 Stunden, 41 Minuten, 59 Secunden (ungefähr 84 Jahre). Seine größte Entfernung von der Sonne ist 404,500,000 Meilen, die kleinste 368,400,000 Meilen, also die mittlere ungefähr 386,450,000. Er durchläuft in einer Secunde $\frac{9}{10}$ Meilen. Sein Durchmesser beträgt ungefähr 7500 Meilen. Seine Bahn ist gegen die Erdbahn um 0 Grade 46 Minuten $28\frac{4}{10}$ Secunden geneigt. Sein Licht ist zwar sehr weiß, aber er ist so klein, daß er mit bloßem Auge kaum gesehen wird, daher konnte man noch keine Flecken auf ihm entdecken, und weiß überhaupt Nichts von der Beschaffenheit seiner Oberfläche. Eben deswegen ist auch die Zeit, in welcher er sich um seine Axe dreht, unbekannt, wiewohl es nicht zu bezweifeln ist, daß er wirklich eine solche Umdrehung hat. Abgeplattet ist er wenig oder gar nicht. Der Uranus wurde am 13. März 1781 von Herschel entdeckt. Es wäre schwer gewesen, ihn vermittelst seiner eigenen Bewegung als Planeten zu erkennen, da diese in Zeit von einer Stunde nur ungefähr 2 Bogensecunden beträgt. Herschel erkannte ihn zuerst dadurch als Planeten, daß sich der Durchmesser desselben größer zeigte, so wie eine stärkere Vergrößerung am Teleskop gebraucht wurde, während die Fixsterne, nach seiner Erfahrung, sich nicht verhältnißmäßig, bei stärkerer Vergrößerung, größer zeigten. Es fand sich später, daß schon ältere Astronomen den Uranus gesehen, aber für einen Fixstern gehalten hatten. Mit Hülfe dieser älteren Beobachtungen war man sehr bald nach Herschel's Entdeckung in den Stand gesetzt, die Bahn des Uranus sehr genau zu bestimmen und hieraus wieder nach dem 3ten Keppler'schen Gesetze (§. 32.) die siderische Umlaufszeit zu berechnen. Bald darauf entdeckte auch Herschel 6 Trabanten, die sich um Uranus drehen. Zwei davon (der zweite und vierte) sind von ihm und Schröter und später auch von dem jüngeren Herschel beobachtet worden. Die vier anderen, die zu den feinsten Gegenständen am Himmel gehören, hat nur der ältere Herschel gesehen und ihre Bahnen mehr errathen als bestimmt. Die zwei genauer beobachteten Trabanten zeigen starken Lichtwechsel. Nach des älteren Herschel Bestimmung beträgt der Abstand des zweiten Trabanten vom Uranus 64000 Meilen, und seine Umlaufszeit 8 Tage, 16 Stunden, 56 Minuten, 5 Secunden; der Abstand des vierten 85000 Meilen, und seine Umlaufszeit 13 Tage, 11 Stunden, 8 Minuten, 59 Secunden. Die Angaben des jüngeren Herschel (Transact. of the Roy. Astronomical Society 1834.) sind nur wenig hiervon verschieden. Besonders merkwürdig ist die Erscheinung, daß diese zwei Trabanten, gegen die Analogie aller anderen Planeten und Trabanten, sich von Osten nach Westen bewegen, und daß ihre Bahn gegen die Erdbahn ungewöhnlich stark geneigt ist, indem diese Neigung nicht weniger als 79 Grade beträgt. Diese besonderen Eigenschaften der Trabanten, welche bis jetzt von keinem Anderen als dem älteren Herschel beobachtet worden waren, sind neuerdings durch die Beobachtungen des jüngeren Herschel außer allen Zweifel gesetzt worden.

Account of a comet by Herschel. Philos. Transact. 1781. p. 494.

On the Diameter and the Magnitude of the Georgium sidus etc. by Herschel. Philos. Transact. 1783. p. 4

An account of the discovery of two satellites etc. by Herschel. Ebend. 1787. p. 125.

On the Georgian planet and its satellites; by Herschel. Ebend. 1788. p. 364.

On the discovery of four additional satellites etc. by Herschel. Ebend. 1798. p. 47.

A series of observations of the satellites of the Georgian planet etc. by Herschel. Philos. Transact. 1815. p. 293.

Schröter's Beiträge zu den neuest. astron. Entdeckungen. Bd. 2, Miscellen p. 49 ff.

Es möge hier noch besonders bemerkt werden, daß man bei den Planeten, die auf Mars folgen, keine Phasen bemerkt, der Grund ist schon bei Mars angegeben worden.

## 52.

Die Planeten sind sich in manchen Einzelnheiten sehr ähnlich. Sie bewegen sich alle von Westen nach Osten um die Sonne, sie erscheinen alle als scharfbegränzte helle Scheibchen. Ferner ist die Form aller ihrer Bahnen nicht sehr von der Kreisform verschieden; auch sind diese Bahnen nicht stark gegen die Ekliptik geneigt, weswegen sich auch die Planeten nie weit von dieser entfernen. Sie bleiben vielmehr immer innerhalb des Raumes, den die Sternbilder des Thierkreises ausfüllen, und der auf beiden Seiten der Ekliptik die Breite von 9 Graden einnimmt. Die mittleren Abstände der Planeten von der Sonne sind durch ein merkwürdiges Zahlenverhältniß verbunden. Nimmt man nämlich die Zahlenreihe

0, 6, 12, 24, 48, 96, 192, 384,

in welcher jedes Glied, vom dritten an, zweimal so groß ist, als das vorhergehende, und addiert zu jeder Zahl die Zahl 8, so findet man die Zahlenreihe

8, 14, 20, 32, 56, 104, 200, 392.

Nimmt man nun an, daß diese Zahlen Millionen ausdrücken, so geben sie, mit Ausnahme der Zahl 56, ziemlich genau die mittleren Abstände der Planeten ☿, ♀, ♁, ♂, ♃, ♄, ♅ an, so daß also zwischen Mars und Jupiter eine bedeutende Lücke ist. Man vermuthete daher schon lange, daß sich innerhalb dieses Raumes ein Planet befände, der nur wegen seiner Kleinheit der Aufmerksamkeit entgangen sey. Diese Vermuthung wurde zuerst durch Piazzi zur sicheren Wahrheit erhoben, als er die Ceres entdeckte. Man verdankt diese Entdeckung dem besonderen Umstande, daß sich in dem Wollaston'schen Sternverzeichnisse, dessen sich Piazzi bediente, ein Schreibfehler befindet, durch welchen er veranlaßt wurde, die kleinen Sterne im Sternbilde des Stiers durchzumustern. In diesem Sternbilde fand er am ersten Januar 1801 einen kleinen Stern, dessen schnelle

Fortbewegung nicht zu verkennen war. Piazzi konnte, durch eine Krankheit verhindert, seine Beobachtungen nur bis zum 11. Februar fortsetzen. Später ward der Planet unsichtbar, weil er in der Nähe der Sonne stand, und als er wieder sichtbar seyn sollte, konnte ihn Niemand an den Stellen finden, in welchen er sich nach der Berechnung der ausgezeichnetsten Astronomen befinden mußte. Nun trat Gauß auf und zeigte, vermittelst völlig neuer Methoden, welche die wahre Bahn dieses Planeten sey, seine Angaben wichen aber so sehr von dem, was man über die Natur der Planetenbahnen wußte, ab, daß man ihnen kaum Glauben schenkte, bis Olbers den Planeten zuerst am 1. Januar 1802 an dem Orte wiederfand, wo er nach Gaußens Berechnung stehen mußte.

Die

⚳ Ceres (Ceres Ferdinandea)

hat eine siderische Umlaufszeit von 1681 Tagen, 9 Stunden, 26 Minuten, 4 Secunden, und bewegt sich ebenso wie die folgenden Planeten von Westen nach Osten. Ihre größte Entfernung von der Sonne beträgt 61,680,000 Meilen, die kleinste 52,700,000, also die mittlere 57,190,000 Meilen. Ihre Bahn ist gegen die Erdbahn um 10 Grade, 37 Minuten, 26 Secunden geneigt. Sie durchläuft in jeder Secunde $2\frac{1}{2}$ Meilen.

Die Ceres ist aber nicht der einzige Planet, der sich zwischen Mars und Jupiter bewegt, vielmehr entdeckte Olbers schon am 28. März 1802 die

⚴ Pallas.

Ihre siderische Umlaufszeit beträgt 1686 Tage,

12 Stunden, 25 Minuten, 52 Secunden. Ihre größte Entfernung von der Sonne beträgt 70,150,000 Meilen, die kleinste 44,460,000 Meilen, also die mittlere 57,350,000 Meilen. Ihre Bahn ist gegen die Erdbahn um 34 Grade, 34 Minuten, 55 Secunden geneigt. Sie durchläuft in jeder Secunde $2\frac{1}{2}$ Meilen.

Am ersten September 1804 entdeckte Harding die

⚵ Juno.

Ihre siderische Umlaufszeit beträgt 1592 Tage, 15 Stunden, 51 Minuten, 33 Secunden. Ihre größte Entfernung von der Sonne beträgt 69,490,000 Meilen, die kleinste 40,820,000 Meilen, also die mittlere 55,155,000 Meilen. Die Neigung ihrer Bahn gegen die Erdbahn beträgt 13 Grade, 4 Minuten, 10 Secunden. Sie durchläuft in jeder Secunde $2\frac{5}{9}$ Meilen.

Zuletzt entdeckte auch Olbers am 29. März 1807 die

⚶ Vesta,

deren siderische Umlaufszeit 1325 Tage, 17 Stunden, 50 Minuten, 3 Secunden ist. Ihre größte Entfernung von der Sonne beträgt 53,160,000 Meilen, die kleinste 44,460,000 Meilen, also die mittlere 48,810,000 Meilen. Ihre Bahn ist gegen die Erdbahn um 7 Grade, 8 Minuten, 9 Secunden geneigt. Sie durchläuft in jeder Secunde $2\frac{3}{4}$ Meilen.

Von diesen vier Weltkörpern, deren Bewegunn eine neue unerwartete Bestätigung der Keppler'scheg

Gesetze geliefert hat, kann nur Vesta zuweilen mit bloßen Augen gesehen werden, die drei übrigen sind nur durch Fernröhren zu sehen. Man nennt sie auch wohl die ultra-zodiakalen Planeten, weil sie, wegen der starken Neigung ihrer Bahn, oft über die Gränzen des Thierkreises hinaustreten. Nach Schröter's Messungen ist der Durchmesser der Vesta höchstens 74 Meilen, der Juno 309 Meilen, der Ceres 352 Meilen, der Pallas 455 Meilen; nach Herschel's Messungen dagegen ist der Durchmesser der Ceres 35 Meilen, der Pallas 20 bis 30 Meilen, und der Durchmesser der Juno und Vesta wohl nicht größer. Schröter behauptet zwar, daß die Bestimmungen Herschel's, durch die Methode, die zu den Messungen angewandt wurde, fehlerhaft geworden seyen. Herschel bestimmte nemlich die Größe dieser Planeten dadurch, daß er das, im Fernrohre mit dem einen Auge gesehene, vergrößerte Bild des Planeten mit einem erleuchteten Scheibchen verglich, das er mit dem anderen unbewaffneten Auge betrachtete. Weil aber dieses Scheibchen weit vom Auge entfernt war, so behauptet Schröter, Herschel habe es größer gesehen, als es in Wahrheit gewesen war, weil alle entfernten leuchtenden Gegenstände uns größer erscheinen, als sie wirklich sind. Hatte also Herschel das Bild des Planeten im Fernrohre eben so groß gesehen als das Scheibchen, so sey der Planet dennoch größer gewesen. Indessen kannte Herschel die Wirkung entfernter leuchtender Gegenstände gut genug und hat selbst darüber Versuche angestellt, so daß man nicht füglich von dieser Seite her einen Irrthum vermuthen kann. Auch läßt sich der Widerspruch in den Bestimmungen Schröter's und Herschel's auf andere Weise erklären. Diese Planeten, mit Ausnahme Vesta's, sind nemlich immer mit einem Nebel (einer hohen Atmosphäre) umgeben. Hat nun Schröter den Durchmesser des Nebels, Herschel dagegen nur den Durchmesser des hellen Kerns gemessen, so erklärt sich die Verschiedenheit ihrer Angaben von selbst; wirklich stimmen diese auch bei Vesta, die keine solche Nebelhülle hat, besser zusammen. In diesen hohen Nebelhüllen oder Atmosphären müssen sehr bedeutende Veränderungen vorgehen, da Ceres und Pallas zu verschiedenen Zeiten sehr verschieden gefärbt erscheinen.

Herschel hat diese vier neu entdeckten Körper nie als eigentliche Planeten anerkannt, sondern eine eigene Classe von Weltkörpern aus ihnen gebildet, die er Asteroiden nannte. Von den übrigen Planeten unterscheidet sie besonders:

Erstens, ihr unverhältnißmäßig kleiner Durchmesser;

zweitens, die starke Neigung ihrer Bahn gegen die Erdbahn;

drittens, der geringe Unterschied in der Größe ihrer Abstände von der Sonne und ihrer Umlaufszeiten, so daß alle vier sich sehr nahe kommen können;

viertens, die Veränderlichkeit ihrer Atmosphären und deren Höhe.

Olbers dagegen stellte schon nach Entdeckung der Pallas die Hypothese auf, daß Ceres und Pallas wohl nur Trümmer eines größeren, durch irgend eine Revolution zersprengten Planeten seyen, und daß wahrscheinlich noch andere Stücke vorhanden seyn müßten. Wirklich wurde diese Vermuthung durch Auffindung der Juno und Vesta bestätigt; auch hat man berechnet, daß diese vier Körper vor ungefähr 6000 Jahren an einem und demselben Puncte ihrer Bahn beisammen waren. Indessen läßt es sich nicht verkennen, daß die älteren Planeten in zwei Gruppen zerfallen, die in Beziehung auf die Zeit ihrer Axendrehung und die Größe ihres Durchmessers wesentlich verschieden sind. Während nemlich Mercur-, Venus, Erde und Mars sich in ungefähr 24 Stunden um ihre Axe drehen, finden wir bei Jupiter und Saturn eine Umdrehungszeit von ungefähr 10 Stunden, und während die Durchmesser der ersteren Planeten sämmtlich unter 2000 Meilen betragen, haben Jupiter, Saturn und Uranus ganz auffallend größere Durchmesser. Auch hat in der ersten Gruppe nur die Erde einen Trabanten, während die drei zur zweiten Gruppe gehörenden Planeten sämmtlich von mehreren Trabanten umgeben sind. Es wäre daher allerdings denkbar, daß, nach einem besonderen Naturgesetze, in dem Wendepuncte dieser zwei Gruppen eine besondere Art von Weltkörpern angebracht worden sey, die weder der einen noch der anderen Gruppe angehörte, und den Uebergang vermittelte. Etwas Analoges ließe sich über den Uranus sagen, wenn man annehmen wollte, daß dieser Planet der äußerste im Sonnensysteme sey, indem man die Anomalien in der Bewegung seiner Trabanten (§. 51.) als Andeutungen zum Uebergang in andere Weltsysteme ansehen könnte. Indessen ist es noch fraglich, ob es nicht Planeten giebt, die weiter von der Sonne entfernt sind als Uranus. Nach dem im Anfange dieses §en erwähnten Gesetze, müßte ein solcher wenigstens zweimal so weit von der Sonne entfernt seyn als Uranus, wäre er daher eben so groß wie letzterer, so würde er uns dennoch nur halb so groß erscheinen, und könnte nur durch sehr gute Fernröhren gesehen werden. Es wäre also leicht möglich, daß man ihn wie Uranus schon manchmal beobachtet und für einen Fixstern gehalten hätte.

Bode, von dem neuen zwischen Mars und Jupiter entdeckten achten Hauptplaneten. Berlin 1802.

Observations on the two lately discovered celestial bodies by W. Herschel. Philos. Transact. 1802. p. 213. Ueber Ceres und Pallas.

Experiments ... on the nature and magnitude of Mr. Hardings lately discovered star, by W. Herschel. Philos. Transact. 1805. p. 31. Ueber Juno.

Observations on the nature of the new celestial body discovered by Dr. Olbers, by W. Herschel. Philos. Transact. 1807. p. 260. Ueber Vesta.

Schröter's Lilienthalische Beobachtungen der neu entdekten Planeten Ceres, Pallas und Juno. Göttingen 1805.

Schröter's Beobachtungen des Asteroid-Planeten Vesta, in dem zweiten Theile der hermographischen Fragmente. S. 233 ff.

## 53.

Durch Newton's Theorie der allgemeinen Schwere ist es möglich geworden, noch ein anderes wichtiges Element der Planetentheorie zu finden, an dessen Bestimmung man früher nicht denken konnte, nemlich die Masse der Planeten, oder die Quantität der Materie auf den Planeten, die eine anziehende Kraft ausübt, zu finden. Die hierauf bezüglichen Untersuchungen gehören zu den tiefsten, die in der

Astronomie vorkommen, und erfordern, wenn sie streng wissenschaftlich behandelt werden sollen, eine genaue Kenntniß der schwierigsten mathematischen Lehren. Hier genügt es, im Allgemeinen die Möglichkeit ihrer Ausführung nachzuweisen. Man betrachte zuerst die Bewegung des Mondes um die Erde. Es sey C (Fig. 16, a) der Mittelpunct der Erde, a b ein Stück der Mondbahn, welches der Mond in einer Secunde durchläuft; ferner sey a d der Raum, welchen der Mond von a aus, vermöge der Tangentialkraft (§. 34.) durchlaufen haben würde, wenn die Anziehungskraft der Erde aufgehört hätte. Es ist also eine bloße Folge der Anziehungskraft der Erde, daß der Mond nach einer Secunde in b und nicht in d steht, d. h. die Erde zieht den Mond in einer Secunde durch den Raum b d. Nach dem Newton'schen Principe, daß die Anziehungskraft mit dem Quadrate der Entfernung abnimmt (§. 35.) kann man nun berechnen, wie stark die Erde den Mond anziehen würde, wenn sie sich in derselben Entfernung von ihm befände, in welcher sich die Sonne von der Erde befindet, d. h. durch welchen Raum die Erde den Mond unter dieser Voraussetzung in einer Secunde ziehen würde. Dieser Raum würde natürlich kleiner seyn als d b, z. B. so groß wie d e. Ist nun S der Mittelpunct der Sonne (Fig. 16 b), A B der Raum, den die Erde in ihrer Bahn um die Sonne in einer Secunde durchläuft, und A D der Raum, den sie in derselben Zeit, vermöge der Tangentialkraft, durchlaufen würde, wenn die Anziehungskraft der Sonne nicht vorhanden wäre, so ist die Anziehungskraft der Sonne so stark, daß sie die Erde in einer Secunde durch den Raum D B zieht. Die Anziehungskraft zweier Körper verhält sich aber wie ihre Massen (§. 35.), wenn sie gleichweit von dem angezogenen Körper abstehen; folglich verhält sich die Masse der Erde zu der Masse der Sonne wie der Raum d b zu dem Raume D B. Auf diese Weise hat man gefunden, daß die Sonne mehr als 300,000 mal mehr Masse enthält als die Erde. Durch ein ähnliches Verfahren kann man auch die Masse der übrigen Planeten, die von Trabanten begleitet werden, finden. Um aber die Masse der Planeten zu finden, die keine Trabanten haben, muß man ein besonderes Verfahren anwenden, welches übrigens bei allen ohne Unterschied mit Nutzen angewandt werden kann. Man berechnet nemlich die Masse eines Planeten aus den Perturbationen oder Störungen, die er im Laufe eines anderen Planeten verursacht. So z. B. streben alle Planeten, die Erde von der Bahn, die sie um die Sonne beschreibt, abzulenken; man kann aber, mit Hülfe der höheren Mathematik, die Wirkung bestimmen, die jeder einzelne Planet in diesem Falle ausübt. Hieraus kann man unmittelbar berechnen, durch welchen Raum sich die Erde in einer bestimmten Zeit, z. B. in einer Secunde, bewegen würde, wenn nur die Anziehungskraft dieses einzelnen Planeten auf sie einwirkte. Da man nun die Entfernung dieses Planeten von der Erde kennt, so kann man auch bestimmen, durch welchen Raum er die Erde ziehen würde, wenn er eben so weit wie die Sonne von ihr entfernt wäre. Dieser Raum, verglichen mit dem bekannten Raume, durch welchen die Anziehungskraft der Sonne die Erde in einer Secunde treibt, giebt das Verhältniß der Masse des Planeten zur Masse der Sonne. Auf dieselbe Weise kann man auch die Masse der Trabanten, vermittelst der Störungen, die sie im Laufe des Planeten, um welchen sie sich drehen, verursachen, ziemlich genau berechnen. Bis jetzt ist jedoch nur die Masse des Mondes und der Jupiterstrabanten bestimmt worden. Vermittelst der erwähnten Methoden hat man folgende Verhältnisse gefunden: wenn die Masse der Sonne als Einheit angenommen wird, so ist

die Masse des Mercur $= \frac{1}{2025810}$ } nach Laplace,
" " der Venus $= \frac{1}{401839}$ }
" " der Erde $= \frac{1}{357594}$ nach Rosenberger (Schum. astron. Nachr. Bd. 8. S. 222.),
" " des Mars $= \frac{1}{2546320}$ nach Laplace,
" " des Jupiter $= \frac{1}{1047\frac{68}{100}}$ nach Airy (Transact of the roy. astr. society 1834.)
" " des Saturn $= \frac{1}{3500}$ nach Bessel (Schumacher's astron. Nachr. Bd. 9. S. 388.),
" " des Uranus $= \frac{1}{17918}$ nach Bouvard Tables d' Uranus 1821. pg. II.).

Die Masse des Mondes beträgt nach v. Lindenau $\frac{100}{8773}$ der Erdmasse. Nimmt man die Masse des Jupiter als Einheit an, so beträgt nach Laplace:

die Masse des ersten Jupiterstrabanten $\frac{1}{57710}$
" " " zweiten " $\frac{1}{43039}$
" " " dritten " $\frac{1}{11300}$
" " " vierten " $\frac{1}{23442}$

Die Masse des Saturnsringes bestimmt Bessel zu $\frac{1}{118}$ der Saturnsmasse (Schum. astron. Nachr.

Bd. 9. S. 45.). Die Massen der Ceres, Pallas, Juno und Vesta sind unbekannt, weil sie zu klein sind, um im Laufe der übrigen Planeten eine merkliche Störung hervorzubringen.

## 54.

Die vorstehenden Bestimmungen geben nur das Verhältniß der Masse der Planeten zu der Masse der Sonne an. Man müßte daher den Werth der Sonnenmasse kennen, um eine deutliche Vorstellung von der Größe der Planetenmassen zu erhalten. Indessen war man gezwungen, den entgegengesetzten Weg einzuschlagen und zuerst die Masse eines Planeten, der Erde, zu bestimmen, woraus alsdann die anderen Massen abgeleitet wurden. Um die Erde gleichsam abzuwägen, hat man verschiedene Mittel angewandt, unter welchen folgendes das einfachste seyn möchte. Man hat nemlich in der Nähe eines auf einer Ebene isoliert stehenden Felsens ein Pendel aufgestellt. Dieses Pendel wurde nun von zwei verschiedenen Anziehungskräften getrieben, von der Anziehungskraft der Erde, die im Mittelpuncte concentriert ist, und außerdem noch besonders von der Anziehungskraft des Felsens, der zwar an Masse der Erde sehr nachstand, dagegen aber dem angezogenen Körper viel näher war, als der Mittelpunct der Erde. Indem man nun beobachtete, um wie viel das Pendel durch die Anziehungskraft des Felsens von der verticalen Richtung abgelenkt wurde, so konnte man hierdurch das Verhältniß der Masse der Erde zur Masse des Felsens finden, und aus der bekannten Masse des Felsens die der Erde berechnen. Auf diese Weise fand man, daß die Masse der Erde ungefähr fünf mal so viel beträgt, als die einer gleichgroßen Wasserkugel. Denkt man sich, daß die Masse auf den Planeten gleichmäßig vertheilt ist, so kann man aus der bekannten Größe und Masse eines jeden einzelnen berechnen, wie viel Masse ein gewisser Raum, z. B. ein Kubikfuß, enthält. Nimmt man nun die Masse einer gewissen Substanz, z. B. des Wassers, die in demselben Raume enthalten ist, als Maßstab an, so kann man hierdurch das Verhältniß des Gewichtes, welches ein Kubikfuß der Materie eines bestimmten Planeten hat, zu dem Gewichte eines Kubikfußes Wasser finden. Die Zahl, welche dieses Verhältniß angiebt, nennt man das specifische Gewicht oder die Dichtigkeit des Planeten. Auf diese Weise hat man folgende Bestimmungen gefunden.

| | | | |
|---|---|---|---|
| Die Dichtigkeit d. Sonne ist ungefähr | $1\frac{2}{9}$ | mal so groß | als die des Wassers. |
| = = = Mercur = = | 12 | = = = | |
| = = = Venus = = | $5\frac{1}{2}$ | = = = | |
| = = = Erde = = | 5 | = = = | |
| = = = Mars = = | 3 | = = = | |
| = = = Jupiter = = | 1 | = = = | |
| = = = Saturn = = | $\frac{1}{2}$ | = = = | |
| = = = Uranus = = | 1 | = = = | |
| = = = Mondes = = | $1\frac{1}{2}$ | = = = | |

55.

Vermittelst der bekannten Masse und Größe eines jeden Planeten läßt sich auch noch die Beantwortung einer anderen Frage finden, nemlich, wie schnell ein Körper an der Oberfläche eines jeden Planeten fällt. Gewöhnlich mißt man diese Schnellichkeit durch den Raum, den der Körper in der ersten Secunde seines Falles durchläuft, und nennt dies die *Fallgeschwindigkeit*. Um nun z. B. die Fallgeschwindigkeit an der Oberfläche der Sonne zu finden, muß man auf folgende Weise schließen: Es ist durch Versuche außer Zweifel gesetzt, daß die Fallgeschwindigkeit eines Körpers an der Oberfläche der Erde ungefähr 15 pariser Fuß beträgt; da nun die Sonne ungefähr 360,000 mal so viel Masse enthält als die Erde, so würde sie, wenn sie die Größe der Erde hätte, einen Körper, der sich an ihrer Oberfläche befindet, zwingen, in der ersten Secunde 15 mal 360,000 pariser Fuß zu durchlaufen. Nun ist aber der Halbmesser der Sonne ungefähr 110 mal so groß als der Halbmesser der Erde; ein Körper, der sich an der Oberfläche der Sonne befindet, steht daher von deren Mittelpunct, in welchem die anziehende Kraft concentriert ist, 110 mal so weit ab, als ein Körper, der sich an der Oberfläche der Erde befindet, von deren Mittelpunct absteht (§. 37.). Da aber die Anziehungskraft mit dem Quadrate der Entfernung abnimmt, so wird aus diesem Grunde die Anziehungskraft der Sonne in dem Verhältnisse von 110 mal 110 zu 1 kleiner seyn, als die Anziehungskraft der Erde, d. h. die Fallgeschwindigkeit wird an der Oberfläche der Sonne nur $\frac{15 \cdot 360000}{12100}$ oder ungefähr 440 Fuß betragen. Es ist leicht einzusehen, wie man auf ähnliche Weise die Fallgeschwindigkeit auf den übrigen Planeten finden kann. Man hat hiernach folgende Tabelle entworfen:

| Die Fallgeschwindigkeit | betr. | auf | Mercur | 16 | par. | Fuß. |
|---|---|---|---|---|---|---|
| = | = | = | Venus | 15 | = | = |
| = | = | = | der Erde | $15\frac{1}{10}$ | = | = |
| = | = | = | Mars | $5\frac{4}{10}$ | = | = |
| = | = | = | Jupiter | $38\frac{1}{10}$ | = | = |
| = | = | = | Saturn | $15\frac{8}{10}$ | = | = |
| = | = | = | Uranus | $14\frac{6}{10}$ | = | = |
| = | = | = | dem Monde | $2\frac{4}{10}$ | = | = |

Es knüpfen sich hieran manche interessante Betrachtungen. Da wo ein Körper am Fallen gehindert wird, äußert er das Bestreben zu fallen, durch den Druck. Was daher auf der Erde ein Pfund wiegt, das wird auf der Sonne $\frac{440}{15}$ Pfund oder $29\frac{1}{3}$ Pfund wiegen. Ein Mensch würde also mit derselben Muskelkraft, mit welcher er sich auf der Erde einen Fuß hoch erhebt, auf der Sonne noch nicht einen halben Zoll hoch springen können u. s. w.

## 56.

Von den Planeten unterscheiden sich schon durch ihr äußeres Ansehen

### die Kometen.

Sie erscheinen nicht als leuchtende Scheibchen, sondern bestehen, wenn ihre Form am zusammengesetztesten ist, aus vier Theilen. In der Mitte erblickt man alsdann einen hellen planetenartigen Körper, den man den **Kern** des Kometen nennt; dieser ist von einer blässeren Nebelhülle, dem **Kopfe** des Kometen, umgeben; beide zusammen machen den eigentlichen Kometen aus. Der Kopf wird an der der Sonne zugekehrten Seite von einem lichtmatteren Stoffe, der **Mähne**, umgeben, und an diese schließt sich ein heller Streif, der Schweif des Kometen, der sich gewöhnlich nach der Seite hin ausdehnt, die der Sonne entgegengesetzt ist. Der Kern, die Mähne, der Schweif finden sich nicht bei allen Kometen; der Kopf ist aber für alle charakteristisch. Am auffallendsten unterscheiden sich aber die Kometen von den Planeten durch die Form und Lage ihrer Bahn. Während sich die Planeten alle von Westen nach Osten bewegen, und ihre nicht sehr vom Kreise verschiedenen Bahnen innerhalb einer begränzten Zone beschreiben, aus welcher nur die vier kleineren Planeten einigermaßen heraustreten; während auch nur die Bahnen der letzteren einigermaßen stark gegen die Erdbahn geneigt sind (§. 52.), findet bei den Kometen die mannigfaltigste Abwechselung statt. Sie bewegen sich nach den verschiedensten Richtungen, zum Theil sogar von Osten nach Westen, ihre Bahnen haben alle möglichen Neigungen gegen die Erdbahn, und der Unterschied der Entfernungen von der Sonne, in welchen sie sich zu verschiedenen Zeiten befinden, ist so groß, daß wir sie nur eine kurze Zeit hindurch sehen, so lange sie sich nemlich in der Nähe der Sonne befinden, bald aber wieder aus den Augen verlieren. So lange man die Idee festhielt, daß die Bahnen aller Himmelskörper kreisförmig seyen, konnte an eine Bestimmung der Kometenbahnen nicht gedacht werden. Erst nachdem durch Newton die Mechanik des Himmels gegründet worden war, fing man an, die Kometen als Körper zu betrachten, die zu unserem Sonnensysteme gehören, und suchte ihre Bahn nach Newton's Grundsätzen zu bestimmen. Hiernach könnte also die Bahn eines Kometen sowohl eine Ellipse, als auch eine Parabel oder eine Hyperbel seyn (§. 35.), und in den zwei letzteren Fällen würde uns der Komet nur einmal sichtbar seyn, um alsdann für immer aus unseren Augen zu entschwinden, da die Parabel und Hyperbel nicht geschlossene und in sich selbst zurücklaufende Linien, sondern vielmehr an einer Seite offen sind und ins Unendliche fort sich erstrecken. Man kann indessen bisher von keinem Kometen mit Bestimmtheit sagen, daß seine Bahn eine parabolische oder hyperbolische sey. Denn da man immer nur ein kurzes Stück dieser Bahn sehen kann, so bleibt es schwer zu entscheiden, ob es nicht einer sehr gestreckten Ellipse angehört. Daß aber mehrere Kometen Ellipsen um die Sonne beschreiben, und also regelmäßig wiederkehren, ist nun entschieden.

Der erste Komet, dessen elliptische Bahn und Rückkehr berechnet und beobachtet wurde, ist

der Halleysche Komet.

Er erschien im Jahre 1682, und der berühmte Edmund Halley, nach welchem er benannt wird, berechnete damals, daß er eine Umlaufszeit von ungefähr 76 Jahren hätte, und also gegen Ende des Jahres 1758 oder gegen Anfang des Jahres 1759 wieder erscheinen würde; daß er ferner schon in den Jahren 1456, 1531, 1607 gesehen worden sey. Die höhere Mathematik war damals noch nicht ausgebildet genug, als daß Halley bei seinen Berechnungen auf die Störungen hätte Rücksicht nehmen können, die die Planeten im Laufe dieses Kometen verursachen. Dies that später Clairaut. Er fand, daß der Komet innerhalb eines Monats vor oder nach der Mitte des Aprils im Jahre 1759 in die Sonnennähe kommen müsse, und wirklich traf dies den 12. März 1759 ein. Nach Damoiseau wird dieser Komet den vierten, nach Pontecoulant den siebenten November 1835 wieder in seiner Sonnennähe seyn, und vier oder sechs Wochen früher wird er wohl in Europa gesehen werden. Die größte Entfernung dieses Kometen von der Sonne beträgt ungefähr 730 Millionen Meilen, die kleinste ungefähr 12 Millionen. Er bewegt sich von Osten nach Westen.

Der zweite ist

## der Enkesche Komet.

Er wurde von Pons zu Marseille den 26. November 1818 entdeckt und Enke berechnete seine Bahn mit einer Genauigkeit, die der Berechnung der Planetenbahnen Nichts nachgiebt. Es fand sich hernach, daß er schon in den Jahren 1786, 1795 (von Miß Herschel), 1805 beobachtet worden war, und seitdem ist er regelmäßig in den Jahren 1822, 1825, 1828, 1832 gesehen worden. Seine Umlaufszeit beträgt 3 Jahre, 115 Tage. Seine größte Entfernung von der Sonne beträgt 85 Millionen Meilen, die kleinste 6½ Millionen Meilen. Er bewegt sich von Westen nach Osten und ist nur durch Fernröhren sichtbar. Er wird gegen die Mitte des Jahres 1835 wieder gesehen werden. Aus der genauen Berechnung der Umläufe dieses Kometen hat sich das merkwürdige Resultat ergeben, daß die große Axe seiner Bahn und daher auch seine Umlaufszeit immer kleiner wird, ohne daß sich diese Erscheinung durch eine von den Planeten herrührende Störung erklären ließe. Man ist daher auf die Idee gekommen, daß sich vielleicht die Kometen wie die Planeten nicht in einem absolut leeren Raume, sondern in einem feinen Aether bewegen könnten, der durch das ganze Sonnensystem verbreitet sey. Ein solcher Aether kann den compacten Planetenmassen kein merkliches Hinderniß entgegensetzen, wohl aber könnte er die Kometen, die, wie sich später zeigen wird, zum größten Theile gewiß aus sehr lockeren Massen bestehen, in ihrem Laufe hindern; er würde ihre Centrifugalkraft fortwährend vermindern, und die Anziehungskraft der Sonne würde daher immer freieren Spielraum erhalten, so daß sich die Kometen in immer engeren Bahnen um die Sonne bewegen müßten.

Der dritte ist

der Biela'sche Komet.

Er wurde von dem Herrn von Biela den 28. Februar 1826 zu Josephstadt in Böhmen entdeckt. Man fand, daß er schon in den Jahren 1772 und 1805 beobachtet worden war, und er ist, der Voraussage gemäß, im Jahre 1832 wieder gesehen worden. Seine Umlaufszeit beträgt 6 Jahre, 270 Tage; er wird daher im Jahre 1839 wieder gesehen werden. Seine größte Entfernung von der Sonne beträgt 127 Millionen Meilen, die kleinste ist nicht viel von der der Erde verschieden. Er wird nur durch Fernröhren gesehen und bewegt sich von Westen nach Osten.

Wahrscheinlich ist noch ein vierter Komet von kurzer Umlaufszeit schon mehrmals beobachtet worden. Clausen hat nemlich gezeigt, daß der Komet, der im Januar 1743 erschien, wahrscheinlich mit demjenigen identisch ist, der im November 1819 gesehen wurde, und daß dieser Komet vor dem Jahre 1758 eine Umlaufszeit von ungefähr 6 Jahren, 270 Tagen, nach dem Jahre 1817 aber eine Umlaufszeit von ungefähr 5 Jahren, 220 Tagen hatte, indem seine Bahn mächtige Störungen erlitt. Seine Rückkehr wäre hiernach im Jahre 1836 zu erwarten (Schum. astron. Nachr. Bd. 10. S. 345., man vergleiche auch, was dort S. 383. über die Identität zweier anderer Kometen gesagt wird).

Die Beobachtungen eines anderen Kometen, der im Jahre 1770 erschien, deuteten darauf hin, daß dieser Komet in $5\frac{1}{2}$ Jahren eine Ellipse um die Sonne beschriebe. Dennoch aber ist er später nicht gesehen worden, wiewohl man eifrig an den Orten am Himmel suchte, die die Berechnung bezeichnete. Diese auffallende Erscheinung veranlaßte Laplace, eine genaue Untersuchung über die Bahn dieses Kometen anzustellen. Er fand, daß derselbe früher eine Umlaufszeit von 50 Jahren hatte, und erst um das Jahr 1770 durch die Anziehungskraft des Jupiter in eine andere Bahn gebracht wurde, die er in $5\frac{1}{2}$ Jahren durchlief. Daß er ferner bei seiner nächsten Rückkehr im Jahre 1776 nur am Tage über dem Horizonte stand und daher unsichtbar war, und sich später wieder in einer gänzlich verschiedenen Bahn bewegte, und seitdem, wie dies auch vor dem Jahre 1770 der Fall war, immer so weit von der Erde entfernt blieb, daß er unmöglich gesehen werden konnte.

Noch sind die Bahnen einer großen Anzahl von Kometen berechnet worden, deren Rückkehr aber nicht beobachtet worden ist. Namentlich hat Olbers ein Verzeichniß von 129 berechneten Kometenbahnen geliefert (Schum. astron. Abhandlungen. Hft. 1 und 3. Ein ausführlicheres Verzeichniß hat jetzt Hussey begonnen, s. London and Edinb. phil. Journal 1834.). Bei manchen dieser Kometen erklärt sich der Mangel wiederholter Beobachtungen schon aus der großen Dauer ihrer Umlaufszeit. So z. B. ist die Umlaufszeit der Kometen von 1805 und 1807 zu 1731 und 1713 Jahren berechnet worden.

57.

Ueber die physische Constitution der Kometen schwebt noch großes Dunkel. Die älteren Nachrichten über deren Form können nur mit großer Vorsicht benutzt werden, da sie häufig mit phantastischen Ausschmückungen gemischt sind. Auch wird die Untersuchung sehr dadurch erschwert, daß ein und derselbe Komet zu verschiedenen Zeiten in ganz verschiedener Gestalt erscheint. So z. B. erschien der Halley'sche Komet im Jahre 1456 mit einem Schweife, der 60 Grade lang war, in den Jahren 1531 und 1607 dagegen scheint der Schweif nicht sehr bedeutend gewesen zu seyn. Im Jahre 1682 erschien er mit einem Schweife, der nur 30 Grade lang war, und im Jahre 1759 war er sehr unbedeutend. Der Kern und Kopf hat bei verschiedenen Kometen sehr verschiedene Größe und Lichtstärke. So erschien im Jahre 43 vor der christl. Zeitrechnung ein Komet, den man mit bloßen Augen am hellen Tage sah. Dasselbe erzählt man von den Kometen, die 1402 und 1532 gesehen wurden; auch 1744 sah man eine Zeitlang einen Kometen um Mittag mit bloßen Augen, wenn man sich an einen passenden Ort stellte. Andere dagegen, wie z. B. der Biela'sche, können nur mit bewaffnetem Auge gesehen werden und erscheinen als ein schwacher Nebeldunst. Die Größe des Kerns ist schwer zu bestimmen, weil sich in schwächeren Fernröhren gewisse Theile als Kerne zeigen, die in stärkeren in Nebel aufgelöst werden. Daher stimmen auch die Messungen Herschel's und Schröter's nicht überein. Der Kern des Kometen von 1799 betrug nach Schröter 373 Meilen im Durchmesser, der des Kometen von 1805, nach Herschel 6 Meilen, nach Schröter 30 Meilen; des Kometen von 1807, nach Herschel 115 Meilen, nach Schröter 1000 Meilen; des zweiten Kometen von 1811, nach Herschel 560 Meilen, nach Schröter 900 Meilen. Der Kopf des Kometen von 1807 hatte nach Schröter 26,000 bis 44,000 Meilen im Durchmesser. Er wuchs nemlich, während er sich von der Sonne entfernte, von der ersten zur letzten Größe an, und zwar zwischen dem 20. October und dem 3. November, womit auch Herschel's Messungen übereinstimmen. Bei dem ersten Kometen des Jahres 1811 betrug der Kopf, dessen Größe sich ebenfalls änderte, so wie er sich von der Sonne entfernte, 20,000 bis 70,000 Meilen. Dieser Kopf war von einer Mähne umgeben, die durch einen dunkelen Zwischenraum von ihm getrennt war, der nach Schröter's Messungen wohl 100,000 Meilen betrug, aber auch nicht immer dieselbe Größe behielt. Die Mähne selbst hatte nach Schröter einen größeren Durchmesser als die Sonne, da er denselben zu ungefähr 200,000 Meilen angiebt. Herschel bestimmte den Durchmesser des dunkelen Zwischenraums am 20. October ebenfalls zu ungefähr 100,000 Meilen. den Durchmesser der Mähne zu ungefähr 138,000 Meilen.

58.

Zwei wichtige Fragen über die Natur der Kometen, die in enger Beziehung zu einander stehen, sind bis jetzt noch nicht mit Entschiedenheit beantwortet worden. Erstens: Sind die Kometen selbstleuchtende Körper, oder werden sie von der Sonne erleuchtet? Zweitens: Sind die Kometen nur große Dunstmassen, oder haben sie einen festen Kern? Nimmt man an, daß sie einen festen Kern haben, so muß man sie auch als selbstleuchtende Körper ansehen, da man noch niemals mit Sicherheit an irgend einem Kometen Phasen bemerkt hat, vielmehr bei einigen, wie z. B. den Kometen von 1807 und 1811, mit Gewißheit immer die volle Scheibe erleuchtet gesehen wurde. Und umgekehrt muß man ihnen aus demselben Grunde den festen Kern absprechen, sobald man sie als erleuchtete Körper ansieht. Daß viele Kometen sicher gar keinen oder doch nur einen überaus kleinen festen Kern haben, sonst aber völlig durchsichtig sind, ist durch eine Menge Beobachtungen hinlänglich erwiesen, indem man ganz kleine Sterne durch das, was man den Kern nennt, durchschimmern sah. Eine der letzten Beobachtungen dieser Art ist die des jüngeren Herschel, der ein Häufchen der feinsten Sterne, die der geringste Dunst in der Atmosphäre bedeckt hätte, mitten durch den Biela'schen Kometen erblickte, der mehr als 10,000 Meilen in der Dicke hatte (Mem. of the Roy. Astr. Soc. Vol. 6.). Auch der große Kern des Kometen von 1811 war nach Schröter's Beobachtungen kein fester Körper, wenigstens zum größten Theile. Ueber die Natur des Lichtes der

Kometen sind die Ansichten der Astronomen sehr verschieden. Schröter hat beständig die Ansicht verfochten, daß es ein eigenthümliches, nicht von der Sonne erborgtes, sey. Seine Gründe sind jedoch nicht überzeugend genug. Er führt als solche besonders an: erstens, daß man keine Phasen bemerkt habe, selbst wenn die Kometen der Erde so nahe waren, daß die Phasen hätten gesehen werden müssen; indessen ist schon bemerkt worden, daß die Kometen keine solche zeigen können, sobald sie durchsichtige Körper sind. Ferner, würden die Kometen von der Sonne erleuchtet, so müßte ihre Lichtstärke mit der Entfernung von der Sonne abnehmen. Dies ist aber nicht der Fall, vielmehr bemerkte Schröter bei dem Kometen von 1807 wie bei anderen, daß sie bei größerer Entfernung von der Sonne viel heller und lichtstärker erschienen. Auch meint er, sey der Kopf der Kometen in der Regel eine zu dünne Substanz, als daß sie im Stande wäre, das Sonnenlicht zu reflectieren. Aus ähnlichen Gründen schloß Herschel, daß der Komet von 1807 und der erste von 1811 selbstleuchtende Körper seyen, dagegen glaubt er, daß der zweite Komet von 1811 von der Sonne erleuchtet worden sey. Die jüngeren Astronomen sind fast alle der Meinung, daß das Licht der Kometen reflectiertes Sonnenlicht sey. Diese Meinung hat besonders Olbers (Astr. Jahrbuch für das Jahr 1819. S. 190 ff.) vertheidigt. Er behauptet, daß die Kometenkerne überhaupt nicht so helle seyen, daß man hieraus auf ein eigenthümliches Licht derselben schließen könnte. Im Gegentheil seyen sie, im Vergleich mit allen Planeten und Trabanten, von einer auffallend geringeren

Helligkeit, die auch, wenn sie nur das Sonnenlicht reflectierten, viel größer seyn müßte, sobald diese Kerne wirklich feste Körper wären, und die im Gegentheil beweist, daß sie zu locker sind, um das Sonnenlicht stark zurückwerfen zu können. Der Kern des Kometen von 1807 hätte im Anfang seiner Erscheinung über 50 mal heller seyn sollen als Jupiter, wenn seine Oberfläche eben so fähig gewesen wäre, Sonnenstrahlen zurückzuwerfen, als die Oberfläche dieses Planeten, und er war wenig heller als Saturn. Daß die Kometen zuweilen lichtstärker erscheinen, wenn sie weiter von der Sonne entfernt sind, hält Olbers für keinen Beweis der Eigenthümlichkeit ihres Lichtes, weil ohne Zweifel in den Kometen Veränderungen vorgehen, die unabhängig von ihrer Lage gegen die Sonne, durch besondere Naturkräfte hervorgebracht werden. Dagegen spricht folgender Umstand sehr bestimmt gegen die Eigenthümlichkeit des Kometenlichtes. Selbstleuchtende Körper erscheinen, je weiter sie sich entfernen, immer kleiner, aber ihre Lichtstärke ändert sich nicht, sondern sie bleiben immer gleich hell und glänzend. Erleuchtete dagegen werden immer blässer, je weiter sie sich von der Quelle ihres Lichtes entfernen. Nun verschwinden wirklich die Kometen immer, weil sie zu blaß, nicht weil sie zu klein werden. Aber freilich könnte man annehmen, daß die Kometen bei ihrer Entfernung von der Sonne physische Veränderungen erleiden, durch welche ihr eigenthümliches Licht geschwächt wird.

59.

Der merkwürdige Umstand, daß die Kometen, wenn sie sich der Sonne nähern, kleiner, und wenn sie sich von ihr entfernen, größer werden, ist zuerst von Hevel, in neuerer Zeit aber vielfach beobachtet worden, und hat zu verschiedenen Hypothesen Veranlassung gegeben. Valz (Schum. astr. Nachr. Bd. 8. Nr. 185, Bibliothèque universelle 1830 und 1831.) will diese Erscheinung aus dem Vorhandenseyn eines Aethers erklären. Verbreitet sich nemlich eine solche dünne Flüssigkeit von der Sonne aus durch das Sonnensystem, so muß sie desto dichter seyn, je näher man der Sonne kommt, gerade so wie die Schichten der atmosphärischen Luft desto dichter sind, je näher man der Erde kommt, indem die oberen Schichten auf die unteren drücken. Die dünne Masse des Kometen muß also einen desto größeren Widerstand finden, je näher sie der Sonne kommt, sie wird durch den Aether in einen engeren Raum zusammengepreßt, und muß daher kleiner erscheinen, während sie sich wieder ausdehnt, wenn sie sich von der Sonne entfernt und in dünnere Schichten des Aethers kommt. Indessen läßt es sich nicht erklären, warum der Aether den Kometen blos zusammenpreßt und nicht in dessen Masse eindringt. Andere Erklärungen hat der jüngere Herschel gegeben (Memoirs of the Roy. Astron. Society. Vol. 6.). Er glaubt, daß, wenn man auch diese Erscheinung vermittelst des Aethers erklären wollte, man doch nicht nöthig hätte, an eine mechanische Wirkung desselben, einen Druck, zu denken. Vielmehr ist es natürlich, anzunehmen, daß die Hitze des Aethers desto stärker ist, je näher er sich bei der Sonne befindet. Die dünne Masse der Kometen wird aber sehr leicht die Temperatur des sie umgebenden Aethers annehmen, ihre Temperatur wird daher steigen, je mehr sich der Komet der Sonne nähert. Es wird zugleich ein Theil der Kometenmasse aus dem dichteren Zustande, in welchem er das Sonnenlicht reflectieren konnte, in den Zustand eines durchsichtigen Gases übergehen und unsichtbar werden, und eben deswegen wird der Komet kleiner erscheinen. Aber auch ohne den Aether zu Hülfe zu rufen, kann man sich den Hergang der Sache auf folgende Weise denken: Je mehr sich der Komet der Sonne nähert, desto mehr ist er der Einwirkung der Sonnenstrahlen ausgesetzt, ein desto größerer Theil desselben wird daher aus dem dampfförmigen Zustande, in welchem er sichtbar ist, in den luftförmigen, in welchem er durchsichtig und unsichtbar wird, übergehen. Da sich diese Aenderung von dem äußersten Umfange des Kometen nach dem Innern hin fortsetzt, so muß der Komet an Umfang zu verlieren scheinen. Entfernt sich nun der Komet wieder von der Sonne, so verliert er allmälich die erhaltene Hitze, die verflüchtigten Theile werden wieder in Dampf übergehen, und sich mit dem Kerne vereinigen; daher wird der Komet an Umfang zu wachsen scheinen, je mehr er sich von der Sonne entfernt. Ohne Zweifel wird die erwähnte Erscheinung zum Theil auch durch einen einfachen optischen Grund hervorgebracht. Ist nemlich der Komet weit von der Sonne entfernt, so erblickt man ihn nach Untergang der Sonne, an Stellen des Himmelsgrundes, die viel dunkeler sind als andere, die sich näher bei der untergegangenen Sonne befinden; daher wird man den matten Schimmer der äußeren Umrisse des Kometen noch erkennen können. Sowie sich aber der Komet der Sonne nähert, so wird er auch an Stellen des Himmels gesehen werden, die mehr und mehr von der Sonne erleuchtet werden, daher wird man nur noch die helleren Theile des Kometen erblicken können, und eben deswegen wird er im zweiten Falle weniger Umfang zu haben scheinen als im ersten.

60.

Sehr mannigfaltig sind die Erscheinungen, die die Kometenschweife darbieten. Bei den meisten Kometen schließt sich der Schweif unmittelbar an den Kopf an. Bei dem ersten Kometen des Jahres 1811 dagegen verhielt sich die Sache ganz anders. Hier war nemlich der Kopf von der Mähne durch einen dunkelen Raum getrennt, durch welchen man sehr kleine Sterne erblickte, an diesen schloß sich die nach der Sonne hingekehrte lichtmattere Mähne, und von dieser aus erstreckten sich zwei lange Schweife nach der der Sonne entgegengesetzten Seite, die an den Rändern glänzender, nach der Mitte hin dagegen viel lichtmatter erschienen. Solche Doppelschweife hat man auch bei anderen Kometen bemerkt, und man kann ihre Entstehung auf folgende Weise leicht erklären. Man muß sich nemlich denken, daß der Komet mit einem leuchtenden kegelförmigen Ueberzuge umgeben ist, der in der Mitte hohl ist und eine gewisse Dicke hat, ungefähr so wie ein Licht von einer Glasglocke umgeben ist. An den Seiten dieses Kegels dringt das Auge durch eine große Quantität Lichtstoff, in der Mitte dagegen trifft es nur auf den leeren Raum; daher scheint der Komet von zwei leuchtenden Streifen umgeben zu seyn, die durch einen dunkelen Zwischenraum getrennt sind. Zuweilen bemerkt man auch drei und mehr Schweife, der Komet von 1744 hatte sogar 6 Schweife oder eigentlich 3 Doppelschweife. Früher glaubte man, der Schweif läge immer in der Verlängerung der Linie, die den Kopf des Kometen und die Sonne verbindet. Indessen hat sich dies in den späteren Beobachtungen nicht bestätigt; denn wenn auch der Schweif hinter dem Kometen an der der Sonne entgegengesetzten Seite liegt, so ist er doch in der Regel mehr oder weniger gekrümmt. Merkwürdig ist es hierbei, daß er sich fast immer nach der Seite hinbeugt, die der Komet eben verlassen hat, als wenn seine Bewegung mehr Widerstand fände, als die des Kometenkerns. Man hat auch hierin eine Wirkung des Aethers sehen wollen. Uebrigens hat der Komet von 1823 die besondere Eigenheit gezeigt, daß er außer dem von der Sonne abgekehrten Schweife, noch einen anderen hatte, der der Sonne zugekehrt war. Es ist wahrscheinlich, daß man Aehnliches in Zukunft häufiger beobachten wird, da nun die Aufmerksamkeit darauf geleitet ist. Denn wiewohl der der Sonne zugekehrte Schweif damals 7 Grade lang war, während der abgekehrte nur 3½ Grade betrug, so wurde er doch selbst von geübten Beobachtern übersehen, weil er nicht erwartet wurde. Aus älterer Zeit hat der belesene Olbers nur eine Nachricht über einen der Sonne zugekehrten Schweif aufgefunden. Es hat nemlich Kirch (Neue Himmelszeitung, Nürnberg 1681.) einen solchen bei dem Kometen von 1680 bemerkt. Wir können noch hinzufügen, daß nach Cornelius Gemma (Hevelii cometographia p. 453.) auch der Komet von 1577 eine Zeitlang drei Schweife hatte, von welchen einer der Sonne zugekehrt war. Nach den wenigen Beobachtungen, die man bisher besitzt, scheint es, als ob diese besondere Art von Schweifen immer nur eine kurze Zeit zu sehen sey; bei dem Kometen von 1680 dauerte die Erscheinung nur wenige Tage, bei dem Kometen von 1823 wurde sie vom 22. bis zum 30. Januar wahrgenommen. Da diese Schweife außerdem sehr lichtschwach sind, und daher nur bei vollkommen heiterer Luft, ohne Dämmerung und Mondschein, gesehen werden können, so ist es sehr erklärlich, warum sie bis jetzt bei vielen Kometen übersehen worden sind (Schum. astron. Nachr. Bd. 8. Nr. 192.).

Die Gestalt der Kometenschweife genauer anzugeben, ist völlig unmöglich, da sie unendlich viel Mannigfaltigkeiten darbietet. Selbst bei einem und demselben Kometen hat der Schweif zu verschiedenen Zeiten ein ganz verschiedenes Ansehen. Als besonders merkwürdig kann der Schweif des Kometen von 1618 angeführt werden, der nicht spitz zulief, sondern sich wie ein Fächer ausbreitete; diese Form hat man bei noch einigen Kometen bemerkt.

Daß die Kometenschweife eine sehr lockere Substanz sind, darüber sind alle Beobachter einig, da man zu allen Zeiten die feinsten Sterne durch dieselben erblickt hat. Jedoch glaubt Herschel, daß sie nicht völlig durchsichtig sind; wenigstens erschienen ihm die Sterne, durch den Schweif des Kometen von 1807 gesehen, nicht so hell, als sie vor und nach ihrem Eintritte in den Schweif waren. Ueber die Natur des Lichtes der Kometenschweife ist man aber eben so wenig einig als über die Natur des Kometenlichtes selbst; jedenfalls ist es schwer zu begreifen, wie eine so feine Materie noch im Stande seyn sollte, das Sonnenlicht zu reflectieren. Besonders auffallend ist das Strahlenschießen, das man schon bei vielen Schweifen bemerkt hat. So z. B. fand Schröter bei dem Kometen von 1807, daß den 23. October die Lichtstrahlen vom Ende des Schweifes, innerhalb einer Zeitsecunde, 2½ Grade weit fortschossen, sich dann wieder eben so schnell zurückzogen und verschwanden, und dann wieder von Neuem, zum Theil theilweise und unterbrochen fortschossen. Bei den letzten Beobachtungen vom 2ten, 4ten und 6ten December schossen die Lichtstrahlen aus der Gränze des ganzen fächerähnlich ausgebreiteten Schweifes, 2½ Grade weit, bald hier bald dort augenblicklich schnell in gerader Linie fort, und verschwanden eben so schnell wieder; zugleich berechnet Schröter, daß die Lichtstrahlen innerhalb einer Zeitsecunde durch einen Raum von ungefähr einer Million geographischer Meilen fortgeschossen seyn mußten. Alle diese Veränderungen wurden aber nur in dem einen Schweifszweige, keineswegs aber zugleich oder abwechselnd in dem anderen bemerkt, während der Zwischenraum zwischen den beiden Schweifszweigen nur ungefähr einen halben Grad betrug. Dieser letzte Umstand spricht allerdings gegen die sonst sehr einfache Erklärung, die Olbers gegeben hat, nach welcher dieser Lichtwechsel durch feine vorüberziehende Dünste verursacht, und nicht von einer besonders wirksamen Naturkraft hervorgebracht würden. Von der anderen Seite ist es aber auch schwierig, mit Schröter in diesen Strahlenschüssen eine elektrische Wirkung, ähnlich denjenigen, die wir im Nordlichte bemerken, zu sehen.

Denn man müßte annehmen, daß sich dieses Licht auf eine ganz andere Weise fortpflanzte als das reflectierte Sonnenlicht. Im entgegengesetzten Falle nemlich würde es ungefähr 24 Secunden brauchen, um eine Million Meilen zu durchlaufen, und es hätte also das eine Ende des Schweifes, welches eine Million Meilen weiter von uns entfernt war als das andere, nicht nach einer Secunde sichtbar werden können. Da überdies, wie später gezeigt wird (§. 63.), das Licht der Fixsterne sich mit derselben Schnelligkeit fortpflanzt wie das Sonnenlicht, so ist es nicht wahrscheinlich, daß sich das Kometenlicht hierin anders verhalte. Auch bei dem Kometen von 1811 hat Schröter solche Strahlenschüsse gesehen.

Die sichtbare Größe der Schweife ist bei den verschiedenen Kometen sehr verschieden. Sie hängt natürlich nicht blos von der wahren Ausdehnung derselben, sondern auch von der Entfernung des Kometen von der Erde ab. Bei dem Kometen von 1807 war der Schweif nach Herschel's Bestimmung, am 12. October $3\frac{3}{4}$ Grade, am 20. November $2\frac{1}{2}$ Grade lang, später wurde er noch kleiner; hiermit stimmen auch Schröter's Messungen im Ganzen überein. Bei dem Kometen von 1811 war der Schweif, nach Herschel, den 9. September 9—10 Grade lang, und wuchs bis zum 6. October bis zu 25 Graden an, der Komet des Jahres 1618 hatte einen 70 Grade langen Schweif, der von 1680 hatte einen Schweif, der über 90 Grade betrug, ebenso betrug der Schweif des Kometen von 1769 über 97 Grade; bei den zwei letzten Kometen konnte also der Anfang des Schweifes schon untergegangen seyn, wenn das Ende noch im Zenith stand. Einen deutlicheren Begriff von der wahren Größe der Schweife können folgende Abmessungen geben. Die Länge des Kometenschweifes von 1744 ist zu 7 Millionen Meilen, die des Kometenschweifes von 1769 zu 10 Millionen Meilen, die des Kometenschweifes von 1680 zu 20 Millionen Meilen berechnet worden; der Schweif des Kometen von 1811 soll nach Herschel 21 Millionen Meilen lang gewesen sein, und seine größte Breite soll am 12. October 3 Millionen Meilen betragen haben. Es darf hierbei nicht übersehen werden, daß die sichtbare Ausdehnung des Schweifes von der Güte des zur Beobachtung angewandten Instrumentes abhängt, indem lichtstarke Instrumente noch große Strecken des schwachen Schweiflichtes zeigen werden, die man in minder guten Fernröhren nicht mehr erblickt.

Ueber die Entstehung der Schweife hat man sehr viele Hypothesen aufgestellt, von welchen aber keine alle Erscheinungen genügend erklärt. Am häufigsten betrachtet man sie als eine Sammlung von Dünsten, die durch die Sonnenhitze aus dem Kometen entwickelt werden und hinter dem Kometen aufsteigen, entweder, wie Einige glauben, durch eine besondere abstoßende Kraft der Sonne getrieben, oder, nach Anderer Meinung, indem sie sich in dem dichteren Aether erheben, so wie der Rauch in der Luft aufsteigt. Seitdem man auch Schweife kennen gelernt hat, die der Sonne zugekehrt sind, ist die Untersuchung noch verwickelter geworden.

Ueber die Anzahl der Kometen läßt sich nichts Bestimmtes sagen; so viel ist jedoch gewiß, daß diejenigen, die wir sehen können, nur einen kleinen Theil aller vorhandenen ausmachen. Erstens werden uns alle diejenigen unsichtbar bleiben, die sich der Erde nicht hinlänglich nähern, und zwar vermuthet man mit Grund, daß uns fast nur diejenigen sichtbar sind, deren Sonnennähe innerhalb der Marsbahn liegt, da man nur wenige beobachtet hat, bei welchen dies nicht der Fall war. Ferner müssen uns alle Kometen unsichtbar bleiben, die sich am Tage über, und des Nachts unter dem Horizonte befinden; einige seltene Ausnahmen sind schon früher erwähnt worden. Auch wird bei vielen Kometen trübes Wetter ihre Sichtbarkeit verhindern. Hierzu kommt noch, daß, bis vor wenigen Jahren auf der südlichen Halbkugel gar keine Sternwarten waren, und daher alle Kometen, die nur dort gesehen werden können, unbemerkt blieben. Dennoch hat man über mehrere hundert Kometen Nachrichten. Bedenkt man nun, daß vor Erfindung der Fernröhren nur die sehr großen Kometen gesehen werden konnten, und daß man jetzt jährlich im Durchschnitt einen bis zwei Kometen sieht, und bei vermehrter Aufmerksamkeit der Astronomen, künftighin noch mehr sehen wird, so wird man nicht zu viel thun, wenn man die Anzahl der Kometen auf viele Tausende anschlägt.

## 61.

Mit der Erkenntniß, daß die Kometen Körper seyen, die zu unserem Sonnensysteme gehören und sich nach bestimmten Gesetzen bewegen, mußte auch der Glaube an ihre Vorbedeutung und die daraus entsprungene Furcht verschwinden. An die Stelle dieser Furcht trat aber eine minder poetische, angeregt durch den um die Kometentheorie so sehr verdienten Halley. Er war es nemlich, der zuerst die Möglichkeit des Zusammentreffens eines Kometen mit der Erde, oder einer großen Annäherung desselben hervorhob, und auf die mit einem solchen Ereignisse verbundenen Gefahren aufmerksam machte. Bei den Planeten hat man nie ein Zusammentreffen zu fürchten gehabt, weil ihre Bahnen durch große Zwischenräume getrennt sind. Bei den Kometen aber, die sich nach allen möglichen Richtungen, und in Bahnen, die die verschiedensten elliptischen Formen haben können, bewegen, und ihre Sonnennähe innerhalb der Bahn eines oder des anderen Planeten erreichen, ist allerdings das Zusammentreffen mit einem Planeten sehr denkbar. Ein denkbares Ereigniß kann aber sehr unwahrscheinlich seyn, zuweilen so unwahrscheinlich, daß sein wirkliches Eintreffen an Unmöglichkeit gränzt, und es frägt sich daher zuerst, wie wahrscheinlich ist es, daß ein Komet mit der Erde zusammentreffen werde? Diese Frage hat besonders den berühmten Olbers beschäftigt. Das Resultat seiner Berechnung ist folgendes: Angenommen, daß im Durchschnitt der Durchmesser des Kometen $\frac{1}{5}$ des Durchmessers der Erde beträgt, was wohl am wenigsten von der Wahrheit abweichen dürfte, so ist die Wahrscheinlichkeit des Zusammenstoßens eines solchen Kometen mit der Erde $\frac{1}{439,000,000}$, d. h. wenn alle Kometen zusammengenommen, die innerhalb der Erdbahn eindringen, 439 Millionen mal ihre Bahn durchlaufen haben, so ist es wahrscheinlich, daß die Erde einmal von einem dieser Kometen getroffen seyn werde. Da man nun annehmen kann, daß alle Jahre wenigstens zwei Kometen innerhalb der Erdbahn eindringen, so folgt aus der eben angegebenen Zahl, daß in 219,500,000 Jahren, der Wahrscheinlichkeit nach, einmal ein Komet mit der Erde zusammenstoßen wird. Würde man im Durchschnitt den Durchmesser des Kometen dem halben Durchmesser der Erde gleichsetzen, so würde, der Wahrscheinlichkeit nach, in 140,500,000 Jahren einmal ein Komet mit der Erde zusammentreffen. Dies Alles bezieht sich jedoch nur auf den Kern des Kometen. Größer ist schon die Wahrscheinlichkeit des Zusammentreffens eines Kometenkopfes mit der Erde. Nimmt man im Durchschnitt die Größe eines Kometenkopfes zu 6 Durchmessern der Erde an, so findet man, daß die Wahrscheinlichkeit des Zusammentreffens eines solchen Kopfes mit der Erde $\frac{1}{17,600,000}$ ist, d. h. der Wahrscheinlichkeit nach trifft nur alle 8 bis 9 Millionen Jahre ein Kometenkopf mit der Erde zusammen (insofern man bei der Voraussetzung stehen bleibt, daß jedes Jahr zwei Kometen innerhalb der Erdbahn eindringen).

Zach's Monatliche Correspondenz. Bd. XXII. P. 409 ff. Schum. astr. Nachr. Bd. 6. Nr. 128.

Diese Zahlenverhältnisse zeigen, daß die Wahrscheinlichkeit des Zusammentreffens eines Kometen mit der Erde viel zu gering ist, als daß man vernünftigerweise, während der kurzen Dauer einer Generation, ein solches Ereigniß fürchten sollte. Es frägt sich aber nun ferner, wenn es wirklich eintreffen sollte, würde es wohl die fürchterlichen Folgen haben, die man ihm gewöhnlich zuschreibt? Hätte ein solcher Komet einen bedeutenden festen Kern, so könnte er allerdings eine große Zerstörung auf der Erde anrichten. Er könnte der Erdaxe eine andere Lage geben, er könnte die Umdrehung der Erde ändern; es würden also ganz andere Gegenden, als früher, unter den Aequator zu liegen kommen; die Tropenländer würden vielleicht nun die Polargegenden werden und sich mit ewigem Eise bedecken, während die wüsten Steppen Sibiriens sich in blühende Gefilde verwandeln würden. Aber auch das Meer würde nothwendig aus seinem alten Bette herausgeschleudert werden, es würde sich nothwendig nach dem neuen Aequator hinstürzen, und auf seinem Wege Alles verschlingen. Ja, ein solcher Stoß könnte sogar so heftig seyn, daß die Erde zertrümmert und gänzlich zerstört würde. Indessen ist es, wie schon (§. 58.) bemerkt worden ist, fraglich, ob überhaupt irgend ein Komet einen festen Kern hat, da man von den meisten mit Entschiedenheit das Gegentheil behaupten kann. Von einer großen Annäherung eines Kometen, wenn nur kein wirklicher Anstoß erfolgte, würde die Erde in keinem Falle eine bedeutende Aenderung zu fürchten haben. Euler (comment. Petropolit. 1774. p. 499 — 548.), und Dü Sejour (Essay sur les comètes. T. 2. Chap. 13.) haben beide gezeigt, daß selbst in dem Falle, wenn ein Komet so viel Masse als die Erde hätte, seine Annäherung die Bahn der Erde nur wenig ändern könnte, weil die Bewegung der Kometen so schnell ist, daß sie, wenn sie vielleicht auch uns nahe kämen, doch nach einer äußerst kurzen Zeit wieder sehr weit von uns entfernt wären, und daher ihre Wirkung sehr geschwächt würde. Freilich hat man viel von der ungeheueren Hitze der Kometen und deren möglichem verderblichen Einfluß auf die Erde gesprochen. Indessen beruht dies auf einer bodenlosen Hypothese. Soviel ist wenigstens gewiß, daß die Kometen, so weit wir sie bis jetzt beobachtet haben, keinesweges, wie man gewöhnlich glaubt, bei ihrem Erscheinen eine ungewöhnliche Hitze auf der Erde hervorgebracht haben. Und wie sollte dies auch möglich seyn, da wir jetzt jedes Jahr, in der Regel, mehrere Kometen beobachten. Das folgende Verzeichniß von Kometenjahren, die sich durch eine außerordentliche Temperatur ausgezeichnet haben, wird genügend zeigen, daß man mit demselben Rechte behaupten könnte, die Kometen verursachten eine ungemeine Kälte wie eine ungewöhnliche Hitze.

| Kometenjahre | Witterung | Kometenjahre | Witterung |
|---|---|---|---|
| 1632 | heißer Sommer | 1718 | strenger Winter |
| 1665 | strenger Winter | 1723 | heißer Sommer |
| 1680 | strenger Winter | 1729 | strenger Winter |
| 1682 | warmer Winter | 1737 | heißer Sommer |
| 1683 | kalter Sommer | 1744 | strenger Winter |
| — | strenger Winter | 1748 | heißer Sommer |
| 1684 | kalter Sommer | 1764 | warmer Winter |
| 1689 | warmer Winter | 1766 | strenger Winter |
| 1695 | kalter Sommer | 1769 | warmer Winter |
| 1699 | strenger Winter | 1771 | strenger Winter |
| 1701 | heißer Sommer | 1774 | heißer Sommer |
| 1702 | heißer Sommer | 1781 | heißer Sommer |
| — | warmer Winter | 1783 | warmer Winter |
| 1706 | strenger Winter | 1784 | strenger Winter |
| 1718 | heißer Sommer | 1785 | strenger Winter |

Hier finden sich freilich 9 Jahre, in welchen der Komet mit einem heißen Sommer zusammentraf, aber auch 12, in welchen er von einem strengen Winter begleitet war, und gerade unter diesen letzten Jahren ist das Jahr 1680, dessen Komet zu den glänzendsten gehört, die man in den letzten Jahrhunderten gesehen hat, und der noch außerdem der Erdbahn näher kam, als alle übrigen, die hier angeführt sind.

Man hat es auch nicht versäumt, das Zusammentreffen der Kometenschweife mit der Erde zu fürchten. Da diese Schweife oft eine ungeheure Ausdehnung haben, so ist allerdings ein Zusammentreffen derselben mit der Erde viel wahrscheinlicher, als der Anstoß eines Kometen, wenn auch diese Wahrscheinlichkeit noch immer geringe ist. Indessen ist es nicht gut einzusehen, wie eine so ungemein feine Materie, die bei einer Dicke von vielen Millionen Meilen noch das Licht der kleinsten Sterne ganz oder wenigstens fast ungeschwächt durchläßt, und deren Dichtigkeit wohl in einem viel geringeren Verhältnisse zur Dichtigkeit unserer Luft steht, als die Dichtigkeit der letzteren zur Dichtigkeit der schwersten Metalle, wie eine solche bedeutende Veränderungen hervorzubringen im Stande seyn sollte.

Ist die Wahrscheinlichkeit des Zusammentreffens eines Kometen mit der Erde im Allgemeinen sehr geringe, so kann sie doch für einen bestimmten Kometen, der sich in einer Bahn bewegt, die in manchen Puncten der Erdbahn sehr nahe ist, viel bedeutender werden. Man ist in dieser Beziehung besonders auf den Biela'schen Kometen aufmerksam geworden. Dieser kommt nemlich der Erdbahn näher, als irgend ein anderer, und es wäre allerdings nicht unmöglich, daß seine Bahn einmal durch die Störungen, die er von den Planeten erleidet, so geändert würde, daß er gerade durch die Erdbahn gienge. Es frägt sich daher, vorausgesetzt, daß der Biela'sche Komet bei jeder Rückkehr durch die Erdbahn geht, wie groß ist die Wahrscheinlichkeit, daß er dort mit der Erde zusammentreffen oder ihr wenigstens sehr nahe kommen werde? Da das Jahr $365\frac{1}{4}$ Tage hat, so ist es wahrscheinlich, daß er nach $365\frac{1}{4}$ Umläufen einmal an demselben Tage mit der Erde durch den bestimmten Punct der Erdbahn gehen wird; da er aber $6\frac{3}{4}$ Jahre zu seinem Umlaufe braucht, so wird er, der Wahrscheinlichkeit nach, erst in $6\frac{3}{4}$ mal $365\frac{1}{4}$ Jahren, oder in 2500 Jahren einmal mit der Erde an demselben Tage den bestimmten Punct der Ekliptik berühren. Hieraus würde aber noch nicht folgen, daß er alsdann der Erde wirklich sehr nahe käme. Denn die Erde durchläuft täglich ungefähr, 350,000 Meilen; würde sie daher am Anfang eines Tages in einem Puncte der Ekliptik ankommen, in welchem der Komet am Ende desselben Tages einträfe, so würde die Entfernung noch viel zu groß seyn, als daß eine Einwirkung merklich werden könnte. Um der Erde bis auf 14,000 — 15,000 Meilen nahe zu kommen, müßte er mit ihr in derselben Stunde in dem bestimmten Puncte der Ekliptik eintreffen, hierdurch würde also die Wahrscheinlichkeit des Zusammentreffens noch bedeutend vermindert. Uebrigens darf man nicht vergessen, daß, nach früheren Bemerkungen, selbst der kleine Kern dieses Kometen nur eine Dunstmasse ist

Zu den merkwürdigsten Schriften über Kometen aus der älteren Zeit gehört die vortreffliche

Abhandlung Seneca's de cometis in dessen naturales quaestiones lib. 7.

Nachrichten über die älteren Kometen findet man in:

Riccioli almagestum novum, Bononiae 1651.

Hevelii cometographia, Gedani 1668.

Lubienitz theatrum cometicum.

Unter den neueren Schriften sind, außer den bereits angeführten, die wichtigsten:

Schröter's neueste Beiträge zur Erweiterung der Sternkunde, zweite Abtheil. Beobachtungen des Kometen von 1799. Göttingen 1800.

Schröter's Beobachtungen des grossen Kometen von 1807. Göttingen 1811.

Observations ... of the comet etc. by W. Herschel. Phil. Transact. 1807. p. 260.

Observations of a comet, made with a view to investigate its magnitude etc. Phil. Transact. 1808. p. 145.

Schröter's Beobachtungen und Bemerkungen über den grossen Kometen von 1811. Göttingen 1815.

Observations of a comet, with remarks on the construction of its different parts by W. Herschel. Phil. Transact. 1812. p. 115.

Observations of a second comet, with remarks on its construction, by W. Herschel. Phil. Transact. 1812. p. 229.

Arago, des comètes en général et en particulier de la comète qui doit paraitre en 1832, annuaire du bureau de longitude pour 1832 p. 156. seqq. Dieses Muster einer populären Darstellung ist auch mehrmals besonders abgedruckt worden. Eine deutsche Uebersetzung davon ist zu Brünn im Jahre 1832 unter dem Titel: „Betrachtungen über die Bewegung und die Natur der Kometen" erschienen.

Littrow über den gefürchteten Kometen des Jahres 1832 und über Kometen überhaupt. Wien 1832.

62.

Nachdem im Vorhergehenden alle Weltkörper, die zu dem Sonnensysteme gehören, untersucht worden sind, kehrt nun die Betrachtung zu den Fixsternen zurück, um zu sehen, ob die gewonnenen Erfahrungen nicht dazu dienen können, auch über ihre Natur neue Aufschlüsse zu erhalten. Da im Folgenden häufig von einzelnen Sternen die Rede seyn wird, so ist es zuerst nöthig, anzugeben, welche Mittel man angewandt hat, um jeden Stern von den übrigen zu unterscheiden. Man hat schon sehr früh die Sterne in verschiedene Gruppen getheilt und diese Sterngruppen mit besonderen Namen belegt. Das älteste Sternverzeichniß dieser Art, das wir besitzen, ist ungefähr 150 Jahre vor der christl. Zeitrechnung von Hipparch entworfen worden. Es enthält 1022 Sterne in 48 Sterngruppen vertheilt. Von diesen Gruppen sind

I. Zwölf im Thierkreise.

1) Widder (aries). 2) Stier (taurus). 3) Zwillinge (gemini). 4) Krebs (cancer). 5) Löwe (leo). 6) Jungfrau (virgo). 7) Wage (libra). 8) Skorpion (scorpius). 9) Schütze (sagittarius). 10) Steinbock (capricornus). 11) Wassermann (aquarius). 12) Fische (pisces).

II. Ein und zwanzig nördliche.

1) Der große Bär (ursus major). 2) Der kleine Bär (ursus minor). 3) Drache (draco). 4) Cepheus. 5) Cassiopea. 6) Andromeda. 7) Perseus. 8) Pegasus. 9) Das kleine Pferd oder Füllen (equuleus). 10) Triangel

(triangulum). 11) Fuhrmann (auriga). 12) Bootes oder Bärenhüter (Bootes). 13) Krone (corona). 14) Schlangenträger (Ophiuchus). 15) Schlange (serpens Ophiuchi). 16) Hercules. 17) Adler (aquila). 18) Pfeil (sagitta). 19) Leier (lyra). 20) Schwan (cygnus). 21) Delphin (delphinus).

### III. Funfzehn südliche Sternbilder.

1) Orion. 2) Wallfisch (cetus). 3) Eridanus. 4) Hase (lepus). 5) Der kleine Hund (canis minor). 6) Der große Hund (canis major). 7) Wasserschlange (hydra). 8) Becher (crater). 9) Rabe (corvus). 10) Centaur (centaurus). 11) Wolf (lupus). 12) Altar (ara). 13) Der südliche Fisch (piscis notius). 14) Schiff Argo (Argo navis). 15) Die südliche Krone (corona notia).

Zu diesen Sternbildern sind allmälich noch andere hinzu gekommen. In dem Sternverzeichnisse, welches Tycho de Brahe im Jahre 1572 herausgab, finden sich zum ersten Male 1) Antinous, welches Sternbild nur beiläufig bei Ptolemäus erwähnt wird, und 2) das Haupthaar der Berenice (coma Berenices), welches ebenfalls bei Hipparch vorkommen soll.

Aus den Sternen, die in der Nähe des Südpols stehen, hat man schon im 16ten Jahrhundert folgende Sternbilder zusammen gesetzt:

1) Indianer. 2) Kranich. 3) Phönix. 4) Biene. 5) südlichen Triangel. 6) Paradiesvogel. 7) Pfau. 8) Amerikanische

Gans. 9) Wasserschlange. 10) Schwertfisch. 11) fliegenden Fisch. 12) Chamäleon. Hierzu kommt noch 13) die Eiche Karls des zweiten, welches Sternbild Halley im Jahre 1677 aus südlichen Sternen zusammengesetzt hat. Später hat noch Royer 14) das südliche Kreuz und 15) die Taube hinzugefügt, und aus zwei Haufen kleiner Sterne, die in der Nähe des Südpols stehen, die große und kleine Wolke gebildet. Gegen Ende des 17ten Jahrhunderts hat Hevel noch folgende Sternbilder aus kleinen Sternen zusammengesetzt:

1) Das Sobieskische Schild. 2) das Einhorn. 3) den Giraffen oder das Camelopard. 4) den Sextanten. 5) die Jagdhunde. 6) den kleinen Löwen. 7) den Luchs. 8) den Fuchs. 9) die Eidexe. 10) den kleinen Triangel. 11) Cerberus.

Von La Caille sind noch 14 andere Sternbilder aus südlichen Sternen zusammengesetzt worden, sie heißen: 1) die Bildhauer-Werkstatt. 2) der chemische Ofen. 3) die Pendeluhr. 4) das rhomboidische Netz. 5) die Grabstichel. 6) die Maler-Staffelei. 7) der See-Compaß. 8) die Luftpumpe. 9) der Octant. 10) der Cirkel. 11) das Lineal und Winkelmaß. 12) das Teleskop. 13) das Mikroskop. 14) der Tafelberg.

Auch sind noch später kleine Sterne zu besonderen Sternbildern zusammengezogen worden; dahin gehören z. B. das Rennthier, die Katze, der Luftballon und einige andere.

Es ist sehr zu bedauern, daß man bei Erfindung der Sternbilder so wenig Rücksicht auf die Bequemlichkeit des Lernenden genommen hat. Nicht blos entsprechen die Namen der Sterngruppen auf keine Weise ihrer wirklichen Gestalt, sondern es sind nicht einmal immer nahe bei einander stehende Sterne zu einem Sternbilde zusammengezogen worden; vielmehr ziehen sich zuweilen verschiedene Sternbilder auf eine ganz verwickelte Weise durch andere hindurch. Hierzu kommt noch, daß man sich nicht damit begnügt hat, auf den Sterncharten die verschiedenen Gruppen durch Linien abzusondern und die entsprechenden Namen hinzu zu setzen, sondern daß man auch die Figuren, die durch diese Namen bezeichnet werden, auf die Sterncharten gebracht, und so den Himmel mit einer Masse von menschlichen und anderen Figuren bevölkert hat, von welchen in der Wirklichkeit dort Nichts zu sehen ist. Die merkwürdigsten Sterne hat man durch besondere Namen ausgezeichnet, die man ebenfalls kennen muß, und deren Erlernung um so schwieriger ist, weil sie zum größten Theile aus verstümmelten arabischen Wörtern bestehen. Später hat man statt dieser Namen Buchstaben eingeführt, und zwar hat zuerst Bayer die verschiedenen Sterne jedes Sternbildes mit griechischen Buchstaben bezeichnet. Doppelmayer substituierte an deren Stelle ganz verschiedene lateinische Buchstaben, und es wäre hieraus nothwendig eine neue Verwirrung erwachsen, wenn nicht glücklicher Weise die Bayer'sche Bezeichnung allgemein angenommen worden wäre. Wo die griechischen Buchstaben nicht ausreichten, da hat Bayer auch lateinische gebraucht. Die ganz kleinen Sterne bezeichnet man auch wohl mit Zahlen.

Aus diesem Wirrwarr ist leider eine eigene Wissenschaft, die Astrognosie, entstanden, die sich ausschließlich mit der Kenntniß der Sterngruppen, der Namen der Sterne u. s. w. beschäftigt. Die leichteste und bequemste Methode, sich am Himmel bekannt zu machen, ist wohl die, daß man sich von einem des Himmels Kundigen, in heiteren Nächten die Sterne zeigen läßt; doch kann man, besonders wenn man erst einige Sterne kennt, auch mit Hülfe guter Schriften und Charten sehr bald eine genaue Kenntniß der Sterne erlangen. Ein in dieser Beziehung besonders empfehlenswerthes Buch ist

Bode's Anleitung zur Kenntniß des gestirnten Himmels.

Von der großen Anzahl von **Himmelscharten**, die man besitzt, erwähne ich blos

Bode's Vorstellung der Gestirne auf XXXIV. Kupfertafeln.

Desselben Uranographia, sive astrorum descriptio, viginti tabulis aeneis incisa.

Sowohl wegen seiner Wohlfeilheit als wegen der correcten Zeichnung, empfiehlt sich sehr der nach diesen Charten bearbeitete

Himmels-Atlas in 20 Blättern, nach den grossen Boden'schen Sterncharten gezeichnet von M. Riedig.

Mehr zu höheren astronomischen Zwecken dient

Atlas novus coelestis, 27 tabulis continens stellas inter polum borealem et trigesimum gradum declinationis australis adhuc observatas. Auctore C. L. Harding. Gottingae 1822.

In diesen letzten Charten sind die verschiedenen Sterngruppen blos durch Linien von einander getrennt, ohne daß die Figuren dabei gezeichnet sind. Nach dem jetzigen Stande der Sache möchten indessen die Charten, auf welchen die Figuren wirklich verzeichnet sind, für das angehende Studium der Sternkunde noch immer am vortheilhaftesten seyn, da sie der Phantasie und dem Gedächtnisse mehr Anhaltspuncte gewähren.

Eine vollständige Sammlung von Himmelscharten, die aber besonders für Astronomen von Fach bestimmt ist, erscheint jetzt, unter Aufsicht der Berliner Akademie der Wissenschaften.

Man hat auch Sternkegel, Hohlkugeln und Himmelskugeln, von welchen in den Vorlesungen mehr gesagt werden kann.

Nach dem Grade ihres Lichtes oder Glanzes theilt man die Fixsterne in Sterne der ersten, zweiten, dritten u. s. w. Größe. Ein gutes Auge sieht noch die Sterne der sechsten Größe; wer eine außerordentlich starke Sehkraft besitzt, kann wohl auch noch die Sterne der siebenten Größe erkennen. Die kleineren Sterne sind nur mit Hülfe der Fernröhren sichtbar, und man hat solche teleskopische Sterne von der siebenten bis zur zwanzigsten Größe. Es ist leicht einzusehen, daß sich hier keine genauen Gränzen ziehen lassen, und daß man bei vielen Sternen in Zweifel kommen muß, ob man sie zu den Sternen dieser oder jener Größe zählen soll. Schon bei den größeren Sternen kommen solche Zweifel manchmal vor, noch häufiger aber ist dies bei den kleineren der Fall. Daher stimmen auch die Angaben der Astronomen über die Größe der Sterne nicht immer überein.

## 63.

Sobald man die Natur der Fixsterne untersuchen will, so bleibt immer eine der wichtigsten

Fragen die über ihre Entfernung und Größe. Es ist aber schon früher bemerkt worden (§. 30.), daß die Mittel, die man sonst zur Bestimmung der Entfernungen anwendet, hier fehlschlagen. Hieraus folgt, daß wir auch ihre Größe nicht erfahren können, selbst wenn wir im Stande wären, ihre sichtbaren Durchmesser zu bestimmen. Bei genauerer Untersuchung zeigt es sich aber, daß, wenn wir manche Fixsterne für größer als andere halten, dies blos auf einer optischen Täuschung beruht, die davon herrührt, daß manche Sterne stärker glänzen als andere. In Fernröhren nemlich zeigen sich alle Fixsterne als bloße Puncte, und diese Puncte sind desto feiner, je besser die angewandten Instrumente sind. Zwar hat Herschel den Durchmesser einiger Sterne gemessen und z. B. gefunden, daß Vega ($\alpha$ Lyrae) bei einer 6450fachen Vergrößerung einen Durchmesser von ungefähr $\frac{1}{3}$ Secunde, und Aldebaran ($\alpha$ Tauri) bei einer 460fachen Vergrößerung, einen Durchmesser von ungefähr $1\frac{8}{10}$ Secunden hatte (Phil. Transact. 1782. p. 147.), aber er bemerkt selbst, daß die Messungen immer geringere Resultate geben, je stärker die Vergrößerung ist (Phil. Transact. 1785. p. 48.). Es bleibt also in diesem Felde Nichts übrig, als den Glanz, die Lichtstärke der verschiedenen Sterne genau zu bestimmen. Diese Untersuchung stößt aber in der Ausführung auf viele Schwierigkeiten, die bis jetzt noch nicht genügend gelöst sind. Einen Anfang hierzu hat Herschel gemacht, indem er den Glanz verschiedener Sterne verglich. Er fand hiernach, daß, wenn man den Glanz der Sterne erster Größe im Mittel durch 100 ausdrückt, alsdann

| den Sternen der | | die Zahlen |
|---|---|---|
| 2ten Größe | . . . . | 25 |
| 3ten „ | . . . . . | 12 |
| 4ten „ | . . . . . | 6 |
| 5ten „ | . . . . . | 2 |
| 6ten „ | . . . . . | 1 |

entsprechen, so daß also im Durchschnitt ein Stern der ersten Größe so viel Licht enthält, als hundert Sterne der letzten Größe.

Astronomical observations and experiments tending to investigate the local arrangement of the celestial bodies by Herschel. Phil. Transact. 1817. p. 302.

Nach den Versuchen des jüngeren Herschel hat der hellste aller Fixsterne, Sirius ($\alpha$ canis major), 324 mal so viel Licht als ein Stern der sechsten Größe. Wollaston hat das Licht desselben Sterns auf eine sehr scharfsinnige Weise mit dem Lichte der Sonne verglichen (Phil. Transact. 1829. p. 19. auch Poggendorff's Annalen der Physik. Bd. 16. p. 328.). Er bemerkte nemlich, daß das Bild der Sonne, welches von der Oberfläche einer Kugel zurückgeworfen wird, in gehöriger Entfernung mit einem Fernrohre betrachtet, ganz ungemein einem Fixsterne ähnlich sieht. Er ließ daher einen Sonnenstrahl auf eine mit Quecksilber gefüllte Kugel fallen, die ein zehntel Zoll im Durchmesser hatte, und fand, daß das reflectierte Bild, in der Entfernung von 210 Fuß betrachtet, dem Sirius gleich war. Das Licht eines solchen Sonnenbildes verhält sich aber zum Lichte der Sonne wie 1 zu 10,000,000,000, und da fast die Hälfte des Lichtes bei der Reflection verloren geht, so ist man berechtigt anzunehmen, daß das Licht des Sirius kaum mehr als den 20,000,000,000ten Theil des Sonnenlichtes ausmacht. Es ist nun leicht zu berechnen, wie weit die Sonne von uns entfernt seyn müßte, damit sie uns nur den zwanzigtausendmillionsten Theil ihres jetzigen Lichtes zuwenden könnte. Das Licht, welches wir von einem leuchtenden Gegenstande empfangen, nimmt nemlich immer mit dem Quadrate der Entfernung ab, so daß ein und dasselbe Licht, in einer zwei mal größeren Entfernung gesehen, vier mal (d. h. zwei mal zwei mal), in einer drei mal größeren Entfernung gesehen, neun mal (d. h. drei mal drei mal) weniger leuchtend erscheint. Die Sonne müßte daher, um zwanzigtausend Millionen mal weniger leuchtend zu erscheinen, ungefähr 141,400 mal weiter von uns entfernt seyn, als sie wirklich ist (weil 141,400 mal 141,400 ungefähr 20,000,000,000 beträgt). Da aber Sirius wenigstens 8 Billionen Meilen (§. 30), d. h. wenigstens 400,000 weiter von uns entfernt ist als die Sonne, und uns in dieser Entfernung noch eben so hell erscheint, als die Sonne uns nur in einer ungefähr drei mal geringeren Entfernung erscheinen könnte, so folgt daraus, daß er wenigstens neun mal (drei mal drei mal) so viel Licht besitzt als die Sonne, oder so leuchtend ist als neun Sonnen zusammen genommen. Hieraus folgt von selbst, daß Sirius unmöglich sein Licht von der Sonne erhalten kann, sondern ein selbstleuchtender Körper seyn muß. Es ist aber leicht einzusehen, daß dasselbe nothwendig bei allen übrigen Fixsternen der Fall ist. Denn wenn sie uns nur das zurückgeworfene Sonnenlicht zuschickten, so könnten sie unmöglich in so ungeheurer Entfernung noch gesehen werden, da unsere Sonne, wenn sie 8 Billionen Meilen von uns entfernt wäre, noch nicht den 200ten Theil einer Secunde im Durchmesser hätte, und daher für kein menschliches Auge bemerkbar wäre. Insofern man also alle Himmelskörper, die im eigenthümlichen Lichte leuchten, Sonnen nennen will, so kann man behaupten, daß alle Fixsterne Sonnen sind.

Wiewohl die Untersuchungen über die jährliche Parallaxe nicht zu dem gewünschten Ziele führten, so leiteten sie doch auf die wichtige Entdeckung zweier scheinbarer Bewegungen der Fixsterne. Als nemlich Bradley am Ende des Jahres 1725 anfing, Beobachtungen über die jährliche Parallaxe anzustellen, so fand er bald, daß allerdings alle Fixsterne im Laufe eines Jahres ihre Lage zu verändern scheinen, jedoch bemerkte er zugleich, daß diese Aenderung unmöglich von einer Parallaxe herrühren könne, weil sie sonst anderen Gesetzen folgen müßte. Die Erscheinungen, die er beobachtete, waren folgende: Alle Sterne beschreiben jährlich eine Ellipse, deren große Axe bei allen $40\frac{6}{10}$ Bogen-Secunden beträgt, während die kleine Axe immer mehr abnimmt, je mehr sich der Stern der Ekliptik nähert, so daß für diejenigen Sterne, die in der Ekliptik liegen, die Ellipse sich in eine gerade Linie zusammenzieht. Daß diese Bewegung nur eine scheinbare, und eigentlich aus der jährlichen Bewegung der Erde entspringende, sey, läßt sich schon daraus schließen, daß sie allen Fixsternen gemeinschaftlich ist und jährlich auf dieselbe Weise wiederkehrt. Daß sie aber nicht aus einer Parallaxe entspringen könne, läßt sich zwar durch geometrische Betrachtungen streng beweisen; hier möge jedoch die Bemerkung genügen, daß, wenn diese scheinbare Bewegung der Fixsterne daraus entstände, daß wir sie aus verschiedenen Puncten der Erdbahn nach verschiedenen Richtungen sehen, hieraus das höchst unwahrscheinliche Resultat folgen würde, daß alle Fixsterne gleich weit von uns entfernt seyen, indem sich ja alle um gleich viel, nemlich $40\frac{6}{10}$ Secunden, scheinbar fortbewegen. Bradley fand sehr bald, daß die wahre Ursache dieser Bewegung darin zu suchen sey, daß sich das Licht der Fixsterne nach denselben Gesetzen fortpflanzt, wie das reflectierte Sonnenlicht (vergl. §. 48). Zur Erläuterung betrachte man zuerst folgenden Fall. Man nehme an, es bewege sich ein Schiff von Westen nach Osten, auf diesem Schiffe ziehe man die parallelen Linien a b, a′ b′, $a_2$ $b_2$, in der Richtung von Süden nach Norden. Ferner denke man sich, es würde vom nördlichen Ufer, parallel mit diesen Linien, eine Kugel auf das Schiff abgefeuert, die in dem Puncte a einschlüge. Würde das Schiff stille stehen, so würde die Kugel in b herausfahren, und wenn man eine Röhre durch das Schiff legen wollte, um die Kugel durchlaufen zu lassen, so müßte diese Röhre in der Richtung a b angebracht werden. Bewegt sich aber das Schiff auf die Weise fort, daß im Momente, wo die Kugel die hintere Wand des Schiffes berührt, der Punct b′ an der Stelle steht, wo früher der Punct b stand, so wird auch die Kugel im Puncte b′ eintreffen. Will man also eine Röhre in dem Schiffe anbringen, durch welche die Kugel durchlaufen soll, so muß sie in der Richtung a b′ angebracht werden. Wer daher nicht weiß, daß das Schiff sich fortbewegt hat, und nur die Richtung, in welcher sich die Kugel durch das Schiff bewegte, sieht, der wird nicht vermuthen, daß sie von einem Puncte des Ufers herkam, der in der Verlängerung der Linie a b liegt, sondern er wird annehmen, daß diese Kugel von einem Puncte des Ufers ausging, der durch die Richtung a b′ bezeichnet wird. Einem ganz ähnlichen Irrthume sind wir bei der Betrachtung der Fixsterne unterworfen. Die Lichtstrahlen, die von dem Fixsterne ausgehen, fallen auf das Glas, welches sich an der vorderen Seite des Fernrohrs befindet, und sollen nun ungehindert durch dieses Rohr bis zu unserem Auge gelangen. Da aber das Rohr sammt unserem Auge sich fortbewegt, so muß das Rohr so gerichtet werden, daß der Strahl, trotz der Bewegung, immer innerhalb desselben bleibt, das heißt, man muß das Fernrohr nicht auf den Stern, sondern auf einen Ort richten, der durch die Bewegung der Erde und des Strahles bedingt wird. Da wir aber immer glauben, daß sich ein leuchtender Gegenstand in der Richtung befindet, in welcher sein Strahl auf unser Auge trifft, so werden wir den Fixstern nicht an seinem wahren Orte sehen. Da ferner die Erde eine Ellipse um die Sonne beschreibt, so wird sich während ihrer jährlichen Bewegung das Fernrohr ebenfalls in einer Ellipse herumdrehen müssen, und daher glauben wir, daß alle Sterne eine Ellipse beschreiben. Es ist leicht einzusehen, daß diese Ellipse desto mehr geöffnet erscheinen muß, je weiter der Stern von der Erde absteht, in welcher die Bahn der Erde liegt. Daß aber die große Axe aller dieser Ellipsen $40\frac{6}{10}$ Bogensecunden beträgt, erklärt sich aus Folgendem. Der Unterschied zwischen der Entfernung der Erde vom Fixsterne am Anfange und Ende eines halben Jahres ist der Durchmesser der Erdbahn. Nimmt man nun an, daß das Licht der Fixsterne wie das der Sonne $986\frac{6}{10}$ Secunden braucht, um diesen Raum zu durchlaufen, so ist es leicht zu berechnen, wie viel Raum die Erde in derselben Zeit durchläuft. Da sie nemlich in 365 Tagen, 5 Stunden, 48 Minuten, $47\frac{8}{10}$ Secunden, d. h. in $31{,}556{,}927\frac{8}{10}$ Secunden ihre ganze Bahn, d. h. 360 Grade oder 1,296,000 Bogensecunden durchläuft, so durchläuft sie in $986\frac{6}{10}$ Secunden ungefähr $40\frac{6}{10}$ Bogensecunden, und um so viel muß daher der Fixstern während eines halben Jahres sich zu verrücken scheinen. Diese Erscheinung nennt man die Aberration; sie ist einer der deutlichsten Beweise für die jährliche Umdrehung der Erde. Es versteht sich von selbst, daß man sie berücksichtigen muß, wenn man den wahren Ort eines Fixsternes wissen will.

Aberrationstafeln. Aberration der Planeten und Kometen.

## 64.

Außer dieser scheinbaren Bewegung fand Bradley noch eine andere. Er bemerkte nemlich, daß sich alle Sterne in dem Zeitraume von ungefähr $18\frac{1}{2}$ Jahren in einer Ellipse zu bewegen scheinen, so daß sie sich ungefähr 9 Jahre dem Pole nähern und ungefähr 9 Jahre wieder von demselben entfernen; auch sah er zugleich ein, daß sich diese Erscheinung sehr gut erklären ließe, sobald man voraussetzte, daß die Erdaxe während dieser Zeit eine Ellipse beschriebe, wodurch der Pol bald gewissen Sternen näher kommen, bald sich wieder von ihnen entfernen müßte. Er nannte daher diese Erscheinung die **Nutation** oder **Schwankung** der Erdaxe. Die Periode dieser Bewegung stimmt aber zu augenfällig mit der Periode zusammen, während welcher die Mondesknoten die verschiedenen Puncte der Ekliptik durchschneiden (§. 41.), als daß man nicht sehr bald einen Zusammenhang zwischen denselben hätte vermuthen sollen. Wirklich hat **D'Alembert** später gezeigt, daß die Nutation von der Anziehungskraft herrührt, die der Mond in seinen verschiedenen Lagen auf die Erde ausübt, durch welche diese und daher auch ihre Axe in eine schwankende Bewegung gebracht wird. Es muß daher auch diese scheinbare Bewegung berücksichtigt werden, wenn man den wahren Ort der Fixsterne wissen will.

65.

Man bemerkt aber bei den Fixsternen noch andere Bewegungen, die sich keinesweges aus einer Bewegung der Erde erklären lassen, da sie nicht bei allen Fixsternen dieselben sind, sondern vielmehr bei den einzelnen Sternen ganz verschiedenen Gesetzen folgen. Vergleicht man nemlich gute Sternverzeichnisse, die zu verschiedenen Zeiten entworfen worden sind, so findet man, daß sie oft in den Angaben über Rectascension und Declination (§. 9.) sehr von einander abweichen, selbst wenn man die wegen der scheinbaren Bewegungen nothwendigen Correctionen angebracht hat. Da sich die einzelnen Sterne nach ganz verschiedenen Richtungen bewegen, so sah man sich gezwungen, anzunehmen, daß die Fixsterne keinesweges alle unbeweglich sind, sondern zum Theil wie die Planeten unseres Sonnensystems eine eigenthümliche Bewegung haben, die freilich erst nach längeren Zeiträumen bemerkbar wird. Ja es darf vielleicht jetzt behauptet werden, daß es keinen einzigen Firstern giebt, der nicht eine eigenthümliche Bewegung hätte. Nach Bessel, sind unter 2959 von Bradley und Piazzi beobachteten Sternen, 425, deren jährliche eigene Bewegung über $\frac{2}{10}$ Secunden beträgt; da also hier immer unter 7 Sternen einer ist, dessen jährliche Bewegung schon nach zehn Jahren sehr merklich ist, so läßt es sich erwarten, daß die übrigen ebenfalls eine eigene, nur langsamere, Bewegung haben. Es ist natürlich nicht blos an und für sich interessant, die Bewegung jedes einzelnen Firsterns zu kennen, sondern auch unumgänglich nöthig, sobald man die Stellung der Sterne in der Vergangenheit und Zukunft wissen will. Man hat daher für die einzelnen Sterne ihre jährliche eigene Bewegung berechnet; jedoch müssen diese Angaben bis jetzt mit Mißtrauen betrachtet werden. Denn erstens ist man dabei von der noch gar nicht erwiesenen Voraussetzung ausgegangen, daß sich die Firsterne in gleichen Zeiten immer durch gleich große Räume fortbewegen; fand man daher z. B. vermittelst zweier Sternkataloge, daß irgend ein Stern in 50 Jahren um 10 Secunden fortgerückt war, so schloß man daraus, daß seine jährliche Bewegung $\frac{1}{5}$ Secunde betrüge, was noch zu beweisen ist. Außerdem besitzen wir noch sehr wenige Sternkataloge, welche sich auf Beobachtungen gründen, die mit so guten Instrumenten angestellt worden sind, als man sie zu so feinen Beobachtungen braucht, und da in jedem Kataloge Fehler mancherlei Art, selbst Druckfehler, unvermeidlich sind, so wird man in vielen Fällen nicht mit Gewißheit sagen können, ob die verschiedenen Angaben verschiedener Kataloge von einer eigenen Bewegung der Sterne oder einem solchen Fehler entstehen, so lange man nicht andere genaue Kataloge zur Controle anwenden kann. So z. B. ergiebt die Vergleichung des Bradley'schen Katalogs, der für das Jahr 1755 berechnet ist, mit dem Piazzi'schen, der für das Jahr 1800 berechnet ist, daß sich der Stern γ in der Kassiopea von Osten nach Westen bewegt, während die Vergleichung des Piazzi'schen Katalogs mit einem neueren, der für das Jahr 1830 berechnet ist, zu dem Schlusse führt, daß dieser Stern von Westen nach Osten fortrückt; noch häufiger sind die Unterschiede in den Angaben der Größe der Bewegung, so daß dieser wichtige Gegenstand die besondere Aufmerksamkeit der Astronomen in hohem Grade verdient.

Baily, on the proper motion of the fixed stars, Mem. of the Astron. Society of London. Vol. 5. p. 147 seqq.

Wiewohl es im Allgemeinen keinem Zweifel unterworfen seyn kann, daß die Bewegung, von welcher hier die Rede ist, eine eigenthümliche ist, so bleibt es doch noch fraglich, ob sie nicht bei vielen Fixsternen eine bloß scheinbare ist. Es liegt nämlich die Idee sehr nahe, daß auch unsere Sonne ein solcher beweglicher Fixstern sey, und nebst allen Planeten und Kometen im Weltraum fortrücke. Ist dies aber der Fall, so müssen die Sterne, welchen sich das Sonnensystem nähert, mehr auseinander, diejenigen, von welchen es sich entfernt, mehr zusammen zu rücken scheinen, gerade so wie in einem Walde die Bäume auseinander rücken oder näher zusammentreten, je nachdem man sich ihnen nähert oder sich von ihnen entfernt. Wirklich glaubte Herschel, daß sich die eigene Bewegung der meisten Fixsterne sehr gut aus einer Bewegung des Sonnensystems erklären ließe, wenn man annähme, daß sich dieses nach einem Sterne im Knie des Hercules (34. Herculis) hin bewegte. Indessen haben spätere Erfahrungen über die eigene Bewegung vieler Sterne, die ihm noch unbekannt waren, diese Ansicht nicht bestätigt, und es ist jetzt unter den Astronomen herrschende Ansicht, daß wir noch zu wenig genaue Beobachtungen besitzen, um über die Bewegung des Sonnensystems irgend Etwas mit Bestimmtheit aussagen zu können.

Die eigene Bewegung der Fixsterne hat zuerst Tobias Mayer mit Sicherheit nachgewiesen. Mayeri opp. inedita V. 1. p. 75.

On the direction and velocity of the motion of the solar system, by Herschel. Phil. Transact. 1805. p. 233.

On the quantity and velocity of the solar motion, by Herschel. Phil. Transact. 1806. p. 205.

Bessel, fundamenta astronomiae, Regiomonti 1818. p. 308 seqq.

66.

Der Versuch, die jährliche Parallaxe direct zu bestimmen, war beständig fehlgeschlagen, aber schon sehr frühe hatte man daran gedacht, sie auf andere Weise zu erkennen. Auch diese Bemühungen haben bisher ihren eigentlichen Zweck verfehlt, aber sie haben ebenfalls zu neuen wichtigen Entdeckungen geführt. Es giebt nemlich am Himmel sehr viele

Sterne, die so nahe beisammen stehen, daß sie, mit bloßen Augen oder durch schwache Fernröhren gesehen, nur als ein Stern erscheinen, und erst durch starke Instrumente gesehen, sich in zwei oder mehr als zwei Sterne auflösen; man nennt sie im Allgemeinen Doppelsterne, jedoch ist es passender, sie vielfache Sterne zu nennen, wenn sie aus einer Verbindung von mehr als zwei Sternen bestehen. Sind nun zwei solche Sterne in Wahrheit sehr weit von einander entfernt, und scheinen sie nur deswegen sehr nahe beisammen zu stehen, weil sie von der Erde aus gesehen, fast nach einer Richtung hin liegen, sind sie, wie man sich ausdrückt, optische Doppelsterne, so müssen sie wohl auch mehr auseinander treten, wenn man ihnen im Laufe eines Jahres um den Durchmesser der Erdbahn näher kommt. Durch die Verschiedenheit des Abstandes der beiden Sterne, die sich im Laufe eines Jahres zeigen müßte, würde also die jährliche Parallaxe dargethan werden, und die Beobachtungen würden noch manche Bequemlichkeit darbieten. Die Refraction, die gerade den feineren astronomischen Beobachtungen die meisten Hindernisse entgegensetzt, würde hier ganz unschädlich sein, weil sie auf beide so nahe zusammenstehende Sterne auf gleiche Weise wirken würde, ebenso würde die Aberration, die Präcession u. s. w. den Abstand beider Sterne nicht ändern. Daher widmete Herschel dieser Untersuchung, nachdem sie durch Galiläi zuerst angeregt, durch Bradley, Maskelyne und Christian Mayer (Mayer de novis in coelo phaenom. Mannhem. 1779) fortgesetzt worden war, seit dem Jahre 1780 seine besondere Aufmerksamkeit. Seine Beobachtungen, die er 40 Jahre lang allein, und ohne daß sich ein anderer Astronom mit demselben Gegenstande beschäftigte, fortsetzte, zeigten ihm aber bald, daß die Betrachtung der Doppelsterne in den meisten Fällen bestimmt nicht zur Auffindung der jährlichen Parallaxe führen könnte, weil sie fast immer nicht optische, sondern physische Doppelsterne seyen, d. h. weil die Sterne nicht scheinbar, sondern wirklich nahe beisammen ständen, und durch besondere Naturgesetze mit einander verbunden wären. Seit dieser Zeit ist die Beobachtung der Doppelsterne ein wichtiger Zweig der Astronomie geworden, welcher in den letzten Jahren besonders durch die Bemühungen des jüngeren Herschel, Struve's und South's bereits zu einer sehr bedeutenden Ausbildung gelangt ist. Nur wenige Doppelsterne waren vor Herschel's Zeit bekannt, er selbst hat in seinen verschiedenen Katalogen 848 ausführlich beschrieben. Er theilte sie in sechs Klassen, die sich auf den geringeren oder größeren Abstand der zusammengehörenden Sterne gründen. Struve, der in seinem Verzeichnisse den Begriff des Doppelsterns dahin beschränkt, daß er nur noch diejenigen zwei Sterne als Doppelsterne bezeichnet, die nicht über 32 Bogensecunden von einander abstehen, und zugleich nur die aufgenommen hat, bei welchen wenigstens einer der Sterne nicht unter der 9ten Größe war, hat deren über 3100 beobachtet, von welchen mehr als 2300 früher nicht beobachtet worden waren. In den fünf Verzeichnissen, die der jüngere Herschel geliefert hat, finden sich über 3200 Doppelsterne, von welchen ebenfalls der größte Theil sonst nicht beschrieben worden ist.

Die wichtigsten Verzeichnisse der Doppelsterne sind folgende:

Catalogue of double stars, by W. Herschel. Phil. Transact. 1782. p. 112.

Catalogue of double stars, by W. Herschel. Phil. Transact. 1785. p. 40.

On the place of 145 new double stars, by W. Herschel, Memoirs of the London Astr. Society. Vol. 1. p. 166.

Observations of the apparent distances ... of 380 double and triple stars, by J. F. W. Herschel and J. South. London 1825., auch Phil. Transact 1824. Pars 3. p. 1.

Observations of the apparent distances of 458 double and triple stars, by J. South. London 1826., auch Phil. Transact. 1826. p. 1.

Die fünf Verzeichnisse des jüngeren Herschel findet man in

Memoirs of the Lond. Astr. Soc. Vol. 2. p. 475., Vol. 3. p. 52., Vol. 3. p. 201., Vol. 4. p. 331., Vol. 5. p. 1.

Catalogus novus stellarum duplicium et multiplicium, auctore F. G. W. Struve. Dorpati 1827.

## 67.

Daß bei Weitem die meisten Doppelsterne wirklich physische, durch gewisse Gesetze verbundene, und nicht optische sind, läßt sich schon aus vielen allgemeinen Gründen darthun. Erstens spricht schon die große Anzahl der Doppelsterne für diese Ansicht. Denn es läßt sich wohl denken, daß einige Mal zwei Sterne, die sehr weit hinter einander liegen, fast in derselben Richtung sich befinden; daß aber dieser Zufall sich viele tausend Mal wiederholen sollte, während in bedeutenden Zwischenräumen am Himmel gar kein Stern steht, dies ist höchst unwahrscheinlich. Wären ferner die Doppelsterne alle oder zum größten Theile optische, so müßte man erwarten, daß die Fälle, in welchen die zwei Sterne sehr nahe zusammen stehen, viel seltener vorkämen, als diejenigen, in welchen sie weiter auseinander stehen. Dagegen hat Struve bei seiner Durchmusterung gefunden, daß unter 3104 Doppelsternen folgendes Verhältniß statt fand:

bei 1007 Sternen betrug der Abstand des Sternpaars bis zu 4 Scd.
" 687 Stern. betr. d. Abst. d. Sternp. " " 8 "
" 665 " " " " " " " " 16 "
" 745 " " " " " " " " 32 "

Sobald man aber annimmt, daß die Individuen eines Doppelsterns durch besondere Gesetze verbunden sind, so wird man es sehr einleuchtend finden, daß sie in den meisten Fällen auch nahe zusammenstehen müssen. Wären die meisten Doppelsterne optische, so müßte man auch erwarten, daß solche unter der viel größeren Zahl kleinerer Sterne viel häufiger angetroffen würden, als unter den selteneren größeren. In dem Raume aber, den Struve durchmusterte, waren

| | und darunter waren |
|---|---|
| 142 Sterne v. d. 1—3ten Größe | 25 Doppelsterne. |
| 1006 " " " 4—5ten " | 127 " |
| 9081 " " " 6—7ten " | 734 " |

so daß also bei den größten Sternen fast der sechste Theil, bei den kleinsten dagegen noch nicht einmal der zwölfte Theil aus Doppelsternen besteht. Einen anderen Grund giebt die Betrachtung der relativen Größe der einzelnen Individuen eines Doppelsterns. Wären die Doppelsterne meistens optische, so müßte man nach aller Wahrscheinlichkeit voraussetzen, daß nur höchst selten der Zufall zwei Sterne von gleicher oder nicht sehr verschiedener Größe neben einander gestellt hätte, daß dagegen am häufigsten der Fall vorkommen müßte, wo die Sterne von sehr verschiedener Größe sind. Dennoch findet gerade das entgegengesetzte Verhältniß statt. Unter 872 Doppelsternen, bei welchen das Sternpaar nicht über 4 Secunden von einander entfernt war, fand Struve, daß bei

| | | | | | | | | |
|---|---|---|---|---|---|---|---|---|
| 263 | die | einzelnen | Sterne | fast gleich groß waren, | | | | |
| 183 | = | = | = | um eine halbe Ordnung verschieden waren, | | | | |
| 182 | = | = | = | = | eine Ordn. versch. | | | = |
| 73 | = | = | = | = | $1\frac{1}{2}$ | = | = | = |
| 73 | = | = | = | = | 2 | = | = | = |
| 27 | = | = | = | = | $2\frac{1}{2}$ | = | = | = |
| 35 | = | = | = | = | 3 | = | = | = |
| 10 | = | = | = | = | $3\frac{1}{2}$ | = | = | = |
| 14 | = | = | = | = | 4 | = | = | = |
| 2 | = | = | = | = | $4\frac{1}{2}$ | = | = | = |
| 8 | = | = | = | = | 5 | = | = | = |
| 1 | = | = | = | = | $5\frac{1}{2}$ | = | = | = |
| 1 | = | = | = | = | 7 | = | = | = |

und es scheint hiernach ein allgemeines Naturgesetz zu seyn, daß viel häufiger Sterne von gleicher Größe zu einem Systeme verbunden sind, als Sterne von ungleicher Größe.

Noch deutlicher wird die innige Verbindung zwischen den Individuen eines Doppelsterns durch die eigene Bewegung derselben dargethan. Es giebt nemlich viele Doppelsterne, die eine sehr merkliche eigene Bewegung haben, vermöge welcher sie ihre

Lage gegen benachbarte Sterne verändern, während die Individuen des Doppelsterns unter einander immer dieselbe Entfernung behalten. Ein merkwürdiges Beispiel dieser Art ist unter Anderen der Doppelstern 61 im Schwan (61 cygni). Dieser Stern besteht aus zweien fast gleichen Sternen von der 5ten bis 6ten Größe, die schon seit funfzig Jahren immer um 15 Secunden von einander abstehen, zusammen aber jährlich um 5 Secunden fortrücken. Seitdem man aber nun bei vielen Doppelsternen eine Bewegung des einen Sterns um den anderen beobachtet hat, ist jeder Zweifel über ihre physische Verbindung verschwunden. Diese wichtige Entdeckung verdankt man Herschel, der sie nach mehr als fünf und zwanzigjähriger fortgesetzter Forschung zuerst im Jahre 1803 bekannt machte. Er bezeichnete damals 52 Doppelsterne als solche, bei welchen sich während des vierten Theils eines Jahrhunderts ganz deutlich ein Individuum um das andere gedreht hatte. Seit dieser Zeit ist es eine ausgemachte Wahrheit, daß, so wie in unserem Sonnensysteme sich die Planeten um die Sonne drehen, so auch in andern Sternsystemen sich S o n n e n um S o n n e n drehen. Herschel unternahm es sogar, die Bahnen und Umlaufszeiten dieser Sterne zu bestimmen, und fand z. B. für den Stern $\gamma$ im Löwen die Umlaufszeit von 1200 Jahren, für den Stern $\eta$ in der Krone die Umlaufszeit von 250 Jahren, der Stern p im Schlangenträger (p Ophiuchi) braucht 70 Jahre, der Stern $\xi$ im großen Bären 160 Jahre zu seinem Umlaufe u. s. w. Doch mußten diese Resultate damals blos als erste Annäherungen an die Wahrheit angesehen werden, da noch zu wenig

Beobachtungen für schärfere Bestimmungen vorlagen. Unterdessen haben sich die Beobachtungen bedeutend vermehrt, und die Berechnung der Bahn der Doppelsterne hat durch Savary's und Enke's analytische Methoden und durch des jüngeren Herschel mehr populäre Berechnungsart eine viel größere Ausbildung erlangt, wodurch Herschel's Behauptungen nicht blos im Allgemeinen, sondern in den meisten Fällen auch in den einzelnen Bestimmungen bestätigt worden sind. Man hat nun bereits die Bahnen von 30 bis 40 Doppelsternen berechnet, und diese Zahl wird in der nächsten Zeit, so wie sich die Beobachtungen häufen, sehr schnell zunehmen. In allen diesen Fällen hat man die Bahn als eine elliptische erkannt, so daß es nun keinem Zweifel mehr unterworfen seyn kann, daß das Gesetz der Anziehungskraft, wie es Newton in unserem Sonnensysteme nachgewiesen hat, auch in jenem entfernten Sternsysteme waltet. Man kann jetzt folgende Bestimmungen als ziemlich sicher ansehen:

Es beträgt die Umlaufszeit von

| | | |
|---|---|---|
| $\gamma$ in der Jungfrau ($\gamma$ Virginis) | $628\frac{0}{10}$ | Jahre. |
| $\sigma$ in der Krone ($\sigma$ Coronae) | $286\frac{6}{10}$ | = |
| Kastor ($\alpha$ geminorum) | $252\frac{7}{10}$ | = |
| $\xi$ im Bootes ($\xi$ Bootis) | 117 | = |
| p im Schlangenträger (p Ophiuchi) | $80\frac{3}{10}$ | = |
| $\xi$ im großen Bären ($\xi$ ursae maj.) | $58\frac{3}{10}$ | = |
| $\eta$ in der Krone ($\eta$ coronae) | $44\frac{3}{10}$ | = |

Die drei letzten Doppelsterne haben also eine kürzere Umlaufszeit als Uranus, und $\eta$ in der Krone hat sogar seit Herschel's ersten Beobachtungen schon mehr als einen ganzen Umlauf gemacht. Man darf sich übrigens nicht wundern, wenn zugleich bemerkt wird, daß die hier mitgetheilten Angaben der Umlaufszeiten schon als sehr genau zu betrachten sind, selbst wenn sie noch Fehler von mehreren Jahren enthalten sollten. Die Größen, die man messen muß, die Entfernung der beiden Sterne, und die Lage des sich umdrehenden Sternes sind nemlich wegen der Nähe der Sterne sehr schwer zu bestimmen. Der geringste Fehler in den Beobachtungen muß daher einen großen Fehler im Resultate hervorbringen, und man wird erst in Zukunft durch Vervielfältigung der Beobachtungen die Genauigkeit ersetzen können, die den einzelnen abgeht. Aus der Bewegung der Doppelsterne erklärt sich zugleich die merkwürdige Erscheinung, daß man zuweilen einen Stern als Doppelstern sieht, während er zu anderen Zeiten, auch durch die schärfsten Instrumente gesehen, nur als einfacher erscheint. Wenn nemlich der sich umdrehende Stern in eine solche Lage gegen uns kömmt, daß er hinter den anderen tritt, und von diesem verdeckt wird, so werden wir natürlich nur e i n e n Stern sehen, und erst, wenn der sich weiter fortbewegende Stern auf der anderen Seite hervortritt, werden wir wieder einen Doppelstern erblicken. Dies hat man z. B. bei dem Doppelstern $\zeta$ im Hercules beobachtet. Er besteht aus zweien, der größere ist gelblich weiß, der kleinere röthlich, und der Abstand der zwei Sterne beträgt keine Secunde. Herschel sah ihn im Jahre 1781 ganz deutlich als Doppelstern, im Juli 1782 standen die zwei Sterne schon ganz nahe beisammen, im Jahre 1802 sah er nur einen Stern in verzogener Gestalt, später wurde der Stern nicht mehr als Doppelstern gesehen, bis ihn zuerst wieder Struve im März 1826 als solchen erblickte. Aehnliches hat man auch bei dem Stern δ im Schwan bemerkt, den Herschel im Jahre 1783 als Doppelstern sah, später aber eben so wenig wie andere Astronomen ihn wieder als solchen erkannte, während ihn Struve im Februar 1826 ganz deutlich als Doppelstern erblickte, und den Abstand beider Sterne zu ungefähr 2 Secunden bestimmte. Dagegen beschreibt Herschel den Stern ζ im Orion als einen einfachen, vollkommen runden weißen Stern, während ihn jetzt der jüngere Herschel, South und Struve deutlich als Doppelstern gesehen haben, und zwar ist der größere gelblich-weiß, der kleinere grünlich-blau.

Die Bewegung der Doppelsterne hat auch wieder eine neue Aussicht eröffnet, wie man vielleicht die so lange vergeblich gesuchte Entfernung der Fixsterne bestimmen können wird. Savary hat hierüber folgende sinnreiche Bemerkung gemacht. Unsere Beobachtungen zeigen uns unmittelbar, welchen Winkel die zwei Linien einschließen, die man von unserem Standpuncte aus nach den Endpuncten der großen Axe der Ellipse ziehen kann, die das eine Individuum eines Doppelsterns durchläuft. Würde man nun die wahre Größe dieser Axe kennen, so würde man vermittelst ihrer und des erwähnten Winkels, durch leichte geometrische Betrachtungen, die wahre Entfernung des Doppelsterns von uns oder der Sonne finden können. Das Licht braucht aber vielleicht eine sehr merkliche Zeit, um den Durchmesser der Bahn des sich bewegenden Sterns zu durchlaufen. In diesem Falle müßte sich also hier, gerade wie bei den Jupiterstrabanten (§. 48.), ein bald geringerer, bald größerer Unterschied zwischen den beobachteten Lagen des Sterns, und den aus seiner elliptischen Bewegung berechneten, zeigen. Hätte man nun eine hinlänglich große Anzahl von Beobachtungen, um diesen Unterschied genau bestimmen zu können, so würde man hierdurch auch finden, wie viel Zeit das Licht braucht, um sich durch den Durchmesser der Bahn des Doppelsterns fortzupflanzen, hierdurch könnte man aber auch finden, wie groß dieser Durchmesser ist, da man weiß, wie schnell sich das Licht der Fixsterne auf seinem Wege zur Erde fortpflanzt (§. 63.), und es aus keinem Grunde bezweifelt werden kann, daß dasselbe Verhältniß auch innerhalb der Bahn der Doppelsterne statt findet. Aus der Größe dieses Durchmessers würde man alsdann auf die erwähnte Weise den Abstand der Doppelsterne von der Erde ableiten.

Account of the changes that have happened .... in the relative situation of double stars. by W. Herschel. Phil. Transact. 1803. p. 339.

Continuation of the account etc. by W. Herschel. Phil. Transact. 1804. p. 353.

On the investigation of the orbits of revolving double stars, by J. F. W. Herschel, Memoirs of the Astron. Society. Vol. 5. p. 171.

Notice of the elliptic orbit of ξ Bootis etc. by J. F. W. Herschel, Mem. of the Astron. Soc. Vol. 6.

Die analytischen Untersuchungen von Savary und Enke findet man in Connaissance des temps 1830. p. 56. und Berliner astron. Jahrbuch. S. 253.

68.

Ein besonderes Interesse bieten die merkwürdigen Farben dar, die man bei den Doppelsternen bemerkt. Bei vielen nemlich sind nicht beide Sterne weiß, sondern entweder der eine oder beide gefärbt. Zur deutlicheren Einsicht folgt hier zuerst eine Zusammenstellung der Bemerkungen, die sich in den Katalogen des jüngeren Herschel zerstreut finden. In dem ersten Kataloge kommen unter 321 Doppelsternen folgende Fälle vor:

| der große Stern ist | der kleine Stern ist | |
|---|---|---|
| weiß oder weißgelb | blau | 9 mal |
| gelb | blau | 5 = |
| gelb | blaugrün | 1 = |
| roth | blau | 3 = |
| roth | purpurfarben | 1 = |
| roth | weiß | 1 = |
| tief orangefarben | weiß | 1 = |
| orangefarben | purpurfarben | 1 = |
| roth | roth | 1 = |
| weiß | roth | 1 = |
| weiß | purpurfarben | 2 = |

In dem zweiten Kataloge, der 295 Doppelsterne enthält, findet man folgende Fälle:

| der große Stern ist | der kleine Stern ist | |
|---|---|---|
| weiß oder gelblichweiß | blau | 4 mal |
| gelb | blau | 9 = |
| gelb | purpurfarben | 2 = |
| gelb | weiß | 1 = |
| roth | blau | 3 = |
| roth | purpurfarben | 1 = |
| roth | weiß | 3 = |
| roth | roth | 2 = |
| weiß | roth | 1 = |
| weiß | purpurroth | 2 = |
| weiß | purpurfarben | 2 = |

Der dritte Katalog enthält 384 Doppelsterne, unter diesen finden sich folgende Fälle:

| der große Stern ist | der kleine Stern ist | | |
|---|---|---|---|
| weiß | blau od. bläulich | 1 mal | |
| weiß | purpurfarben | 1 = | |
| gelb | blau | 5 = | |
| sehr roth | weiß | 2 = | |
| roth | weiß | 4 = | |
| tief blutroth | grün | 1 = | |
| orangeroth | blau | 2 = | |
| röthlich | purpurblau | 1 = | |
| roth | blau | 2 = | NB. der kleine Stern besteht aus zweien, die beide blau sind. |
| roth | roth | 1 = | |
| purpurroth | weiß | 1 = | |
| weiß | purpurroth | 2 = | |
| weiß | roth | 1 = | NB. der kleine Stern besteht aus zweien, die beide roth sind. |

Der vierte Katalog enthält 1236 Doppelsterne, und unter diesen findet man folgende Fälle:

| der große Stern ist | der kleine Stern ist | |
|---|---|---|
| weiß od. gelblichweiß | blau | 5 mal |
| gelb | blau | 8 = |
| orangefarben | weiß | 1 = |
| orangefarben | gelb | 1 = |
| orangefarben | indigoblau | 1 = |
| orangefarben | blau | 2 = |
| roth | roth | 2 = |
| röthlichgelb | grün | 1 = |
| gelb | gelb | 1 = |
| roth | blau | 2 = |
| roth | weiß | 7 = |
| roth oder blaßroth | grün | 2 = |
| röthlichgelb | grün | 1 = |
| weiß | roth | 5 = |
| weiß | röthlich | 2 = |

Im fünften Kataloge, der 2007 Sterne umfaßt, findet man die Bemerkungen:

| der große Stern ist | der kleine Stern ist | | |
|---|---|---|---|
| sehr roth | weiß | 10 mal | |
| roth | weiß | 3 = | |
| hochroth | weiß | 1 = | NB. Es stehen neben dem rothen Sterne drei kleine weiße. |
| roth | roth | 3 = | |
| gelb | blaßblau | 3 = | |
| gelb | blau | 17 = | |
| gelb | blau | 1 = | NB. Es stehen neben dem gelben Sterne zwei kleine blaue. |

| der große Stern ist | der kleine Stern ist | | |
|---|---|---|---|
| gelb | gelb | 1 mal | |
| orange | blau | 8 = | |
| roth | blaugrün | 1 = | |
| roth | blau | 2 = | |
| gelb | orange | 1 = | NB. Ein zweiter kleiner Stern ist weiß. |
| orange | weiß | 2 = | |
| weiß | blau | 1 = | |
| weiß | dunkelroth | 1 = | |
| weiß | gelb | 1 = | |

Wiewohl diese Uebersicht zeigt, daß hier der mannigfaltigste Farbenwechsel herrscht, so ist doch die Beständigkeit mancher Verhältnisse nicht zu verkennen. Zuerst bemerke man, daß nur in einem Falle beide Sterne gleiche Farbe haben, nemlich wenn sie beide roth sind; es kommt nie vor, daß die einzelnen Individuen eines Doppelsterns oder vielfachen Sterns alle grün oder blau wären, und nur ein einziges Mal findet man die Bemerkung „beide gelb“ bei Nr. 2541. im fünften Kataloge; auch der Stern 61 im Schwan, der sich im vierten Kataloge befindet, besteht nach Herschel und Struve aus zwei gelben Sternen. Ueberhaupt ist es nicht zu verkennen, daß sich die Farbe des größeren Sterns in den meisten Fällen zum Rothen hinneigt, die des kleineren dagegen zum Blauen. Am häufigsten kommt die Verbindung eines gelblichen oder gelben Sterns mit einem blauen vor. Es leidet aber keinen Zweifel, daß in vielen Fällen diese Farben keine natürlichen, sondern zufällige, durch den Contrast hervorgerufene sind. Es ist nemlich eine ganz bekannte Erscheinung, für die man bisher jedoch noch keinen genügenden Grund aufgefunden hat, daß, wenn das Auge von einer Farbe lebhaft afficiert wird, neben welcher sich ein weißer Grund befindet, es alsdann auf diesem Grunde eine Farbe sieht, die mit jener Farbe contrastiert. So sieht man beim Anbruch der Morgenröthe die Schatten auf einer weißen Wand blau gefärbt. Wenn daher neben einem Sterne, dessen Farbe gelblich oder rötlich ist, ein kleinerer Stern steht, der weiß ist, so wird das Auge diesen kleineren Stern in einer Farbe erblicken, die in das Blaue oder Grüne überspielt, und so auch in allen ähnlichen Fällen. Ist jedoch das gefärbte Licht sehr schwach, so wird es die weiße Farbe des anderen Sterns nicht afficieren, daher sieht man zuweilen neben einem rothen Sterne einen weißen. Ein deutliches Beispiel einer durch den Contrast hervorgerufenen Farbe hat man unter Anderen an dem Sterne, der in des jüngeren Herschel drittem Verzeichnisse mit Nr. 881 bezeichnet ist. Er besteht aus drei Sternen, einem großen rothen und zwei kleinen blauen; bringt man aber den großen Stern aus dem Gesichtsfelde, und betrachtet nur die zwei kleinen, so verschwindet ihre blaue Farbe gänzlich. Aehnliches kann man bei dem Doppelsterne bemerken, der in Struve's Verzeichnisse unter Nr. 895. aufgeführt ist. Der große Stern ist fast blauroth, der kleine schön grün. Verdeckt man aber den rothen Stern, so verschwindet auch die grüne Farbe des anderen. In vielen Fällen dagegen ist die Farbe beider Sterne sicher eine natürliche. - Uebrigens möge hier gelegentlich bemerkt werden, daß es auch einfache Sterne giebt, die gefärbt sind.

So hat Herschel, bei seinen Musterungen des Himmels, 9 tief granatfarbene, 5 hell granatfarbene, 10 rothe Sterne gefunden. Noch nie aber hat man wohl einen einzelnen grünen oder blauen Stern gesehen.

Das Meiste, was von den Doppelsternen gesagt worden ist, gilt zugleich auch von den vielfachen Sternen. Diese bestehen zuweilen aus drei, vier, ja sogar aus fünf oder sechs Sternen. So z. B. erscheint der Stern ε in der Leyer auf den ersten Blick als ein Doppelstern, dessen Glieder weit aus einander stehen, bei genauerer Untersuchung findet sich aber, daß jeder einzelne Stern wieder aus zweien besteht, die sehr nahe beisammen stehen. Man bemerkt auch bei diesen vielfachen Sternen ganz deutlich, daß sich einige der Individuen, die den Stern bilden, fortbewegen, es wird aber vielleicht noch lange dauern, bis man die Gesetze dieser verwickelten Bewegungen genau kennen wird, besonders wegen der Störungen, die die einzelnen Sterne nothwendig in den Bahnen der anderen verursachen müssen.

## 69.

Die Fixsterne scheinen nicht blos eine fortschreitende Bewegung, sondern auch, wie die Sonne, eine Axendrehung zu haben. Es giebt nemlich Sterne, deren Glanz sich nicht immer gleich bleibt, sondern periodisch ab- und zunimmt, und die man aus diesem Grunde veränderliche Sterne genannt hat. Diese Erscheinung wurde zuerst im Jahre 1596 von Fabricius an dem Sterne ο im Wallfische bemerkt, den er deswegen den Wunderstern (mira ceti) nannte. Seine Periode beträgt nach Herschel

331 Tage, 10 Stunden, 19 Minuten. Er erscheint in seinem hellsten Lichte als ein Stern der zweiten Größe, und bleibt so vierzehn Tage lang, alsdann nimmt sein Licht drei Monate hindurch fortwährend ab, bis er zuletzt fast ganz unsichtbar wird. In diesem Zustande beharrt er fünf Monate hindurch, alsdann wird er wieder sichtbar, und sein Licht nimmt während der folgenden drei Monate immer zu, bis er wieder als Stern zweiter Größe erscheint. Dies ist jedoch nur der gewöhnliche Hergang der Erscheinungen. Zuweilen erreicht er selbst das Licht der Sterne der ersten Größe, zuweilen bleibt er aber auch in seinem stärksten Lichte hinter den Sternen der zweiten Größe zurück. Auch ist seine Periode nicht immer regelmäßig. Zuweilen erscheint er einige Tage früher, zuweilen einige Tage später, im stärksten Glanze. Nach Hevel's Erzählung wurde dieser Stern in vier Jahren zwischen dem October des Jahres 1672 und dem December des Jahres 1676 gar nicht gesehen. Seit Fabricius Zeit hat man noch eine große Anzahl anderer veränderlicher Sterne entdeckt. Einer der merkwürdigsten ist der Stern $\beta$ im Perseus, den man auch Algol nennt; seine Veränderlichkeit wurde zuerst von Goodricke im Jahre 1782 bemerkt. Seine Periode beträgt ungefähr 2 Tage, 20 Stunden, 48 Minuten. Er erscheint nemlich immer 2 Tage, 13 Stunden lang als Stern zweiter Größe, alsdann nimmt sein Licht während $3\frac{1}{2}$ Stunden so stark ab, daß er zuletzt nur noch als Stern vierter Größe erscheint. In den nächsten $3\frac{1}{2}$ Stunden nimmt sein Licht wieder zu, so daß er nach sieben Stunden wieder als ein Stern der zweiten Größe erscheint. Ein anderer veränderlicher Stern ist $\delta$ im Cepheus, der in der

Regel während des Zeitraums von 5 Tagen, 8 Stunden, 37 Minuten von der dritten bis zur fünften Größe übergeht, wie ebenfalls zuerst Goodricke im Jahre 1784 gefunden hat; auch fand er, daß der Stern $\beta$ in der Leyer in dem Zeitraume von 6 Tagen und 9 Stunden von der dritten zur fünften Größe übergeht. Kirch bemerkte schon im Jahre 1687, daß der Stern $\chi$ im Schwan in dem Zeitraume von ungefähr 397 Tagen von der sechsten bis zur eilften Größe abnimmt. Doch fand Cassini, daß dieser Stern während der Jahre 1699, 1700 und 1701 gerade in den Zeiten, in welchen er am hellsten hätte seyn sollen, kaum sichtbar war. Als Mittelglied zwischen den veränderlichen Sternen von sehr langer Periode, wie $o$ im Wallfisch und $\chi$ im Schwan, und den früher erwähnten von sehr kurzer Periode, kann man den Stern $\alpha$ im Herkules, auch Rasalgeti genannt, ansehen, der, wie Herschel zuerst im Jahre 1796 fand, in dem Zeitraume von 60 Tagen 6 Stunden von der dritten zur vierten Größe herabsinkt. Auch gehört hierher ein kleiner Stern in der Wasserschlange, der, nach Harding's Bemerkung, eine Periode von 180 Tagen hat. Manche haben die Ursache dieser Veränderlichkeit darin gesucht, daß diese Sterne von großen dunkelen Planeten umkreist werden, die zuweilen zwischen uns und den Stern treten und uns dann das Licht des letzteren entziehen. Andere nehmen an, die Gestalt dieser Sterne sey linsenförmig, so daß sie, wenn sie sich um eine Axe drehen, uns bald ihre breite Seite, bald ihre schmale zukehren, und daher bald größer, bald kleiner erscheinen. Andere glauben wieder, daß die Naturthätigkeit, welche das eigenthümliche Licht dieser

Sterne hervorbringt, bald kräftiger, bald schwächer wirkt. Am wahrscheinlichsten ist aber die Ansicht, daß diese Sterne sich um eine Axe drehen, und daß nicht alle Theile derselben, die sie uns während ihrer Umdrehung zukehren, gleich fähig sind, das Licht auszusenden. Etwas Aehnliches wurde schon früher bei den Trabanten des Jupiter (§. 46.) und des Saturn (§. 49.) bemerkt. Hieraus könnte man nach Analogie schließen, daß auch die übrigen Fixsterne, die keinen Lichtwechsel zeigen, sich um eine Axe drehen, nur daß alle Theile, die sie uns zukehren, auf gleiche Weise Licht ausströmen. Die Ungleichheiten in der Periode des Lichtwechsels der veränderlichen Sterne ließe sich nach dieser Ansicht aus Schwankungen ihrer Umdrehungsaxe erklären.

Astronomical observations on the periodical star in collo Ceti by Herschel. Phil. Transact. 1780. p. 336.

On the periodical star $\alpha$ Herculis etc. by Herschel. Phil. Transact. 1796. p. 452.

Zu den veränderlichen Sternen scheint auch der kleine Stern zu gehören, welchen Struve im Orion entdeckt hat. Früher wurde der Stern $\vartheta$ im Orion immer als ein vielfacher angegeben, der aus vier Sternen zusammengesetzt ist. Struve selbst hatte zwei Jahre hindurch ebenfalls nur immer vier Sterne gesehen, fand aber am 11. November 1826 noch einen fünften von der 12ten Größe. Später hat auch der jüngere Herschel diesen Stern beobachtet. Den 16. December 1827 erschien er ihm als ein Stern der 12ten Größe, den 5. März war er nur noch von der 15ten bis 16ten Größe, den 11. März war er kaum mehr zu sehen. Uebrigens erhellt aus einer Notiz in den älteren Verhandlungen der englischen Societät, daß schon Hook im Jahre 1664 diesen Stern gesehen hat (Mem. of the Astron. Society. Vol. 3. p. 189 u. 213.). Später haben Herschel und South in dem ϑ des Orion noch einen sechsten, aber viel kleineren Stern entdeckt.

Bei manchen veränderlichen Sternen ist gar keine Periode zu erkennen. Man hat nemlich zu verschiedenen Zeiten Sterne bemerkt, die plötzlich in hellem Glanze erschienen, und dann, nachdem sie einige Zeit hindurch immer an derselben Stelle des Himmels gesehen worden waren, wieder allmälich verschwanden, ohne die geringste Spur ihres Daseyns zu hinterlassen. Die Erscheinung eines solchen Sternes soll zuerst Hipparch veranlaßt haben, seinen Sternkatalog zu verfertigen. Tycho de Brahe entdeckte am 11. November 1572 einen hellen Stern in der Kassiopeia, der sogleich bei seinem ersten Erscheinen Jupiter und Venus an Glanz übertraf und sogar am Tage sichtbar war, aber seinen Ort am Himmel nicht veränderte und auch keine Parallaxe zeigte. Im December fing er an, wieder an Glanz zu verlieren, und im März 1574 war er gänzlich verschwunden. War dies ein großer dunkeler Körper, der plötzlich in Brand gerieth? oder war es ein veränderlicher Stern, der nur immer nach langen Perioden sichtbar ist? Nach alten Nachrichten war bereits in den Jahren 945 und 1264 in derselben Gegend des Himmels ein neuer Stern gesehen worden; wenn man nun annehmen will, daß es immer ein und derselbe Stern war, so könnte man vermuthen, daß er eine Periode von ungefähr 300 Jahren habe, und er wäre daher in unserem Jahrhundert wieder zu erwarten. Einen anderen neuen Stern entdeckte Keppler den 10. October 1604 im östlichen Fuße des Schlangenträgers. Er erschien zuerst als ein Stern der ersten Größe, war aber nach einem Jahre ebenfalls völlig verschwunden. Noch merkwürdiger ist der Stern, den Anthelm im Jahre 1670 am Kopfe des Schwans entdeckte. Er erschien zuerst als Stern der dritten Größe, nach zwei Monaten war er nur noch ein Stern der fünften Größe, und dann verschwand er gänzlich; im folgenden Jahre erschien er wieder, und nachdem er mancherlei Lichtwechsel gezeigt hatte, verschwand er gänzlich, und ist seitdem nicht wieder gesehen worden. Bei vielen Fixsternen bemerkt man zwar keine so rasche Aenderung, aber doch eine allmäliche Ab- oder Zunahme ihres Glanzes. So z. B. war der Stern Kastor ($\alpha$ in den Zwillingen) früher größer als Pollux ($\beta$ in den Zwillingen), jetzt ist er kleiner; der Stern $\alpha$ in der Wasserschlange wird von älteren Beobachtern als Stern erster Größe beschrieben, jetzt ist er nur ein Stern der zweiten Größe. Dagegen wurde der Stern $\alpha$ im Adler früher zu den Sternen der zweiten Größe gerechnet, während er jetzt einer der größten am Himmel ist. Der Stern $\delta$ im großen Bären, den Tycho de Brahe zu den Sternen der zweiten Größe rechnet, gehört jetzt zu denen der vierten Größe. Auch in den Farben der Fixsterne bemerkt man Aenderungen. So z. B. wird Sirius von den Alten als ein rother Stern beschrieben, jetzt ist er weiß, sogar in das Blaue spielend. Ueberhaupt scheint die Natur des Lichtes der Fixsterne nicht bei allen dieselbe und auch von der des Sonnenlichtes sehr verschieden zu seyn. Es ist bekannt, daß, wenn man einen Sonnenstrahl durch ein Glasprisma fahren läßt, und ihn auf einer weißen Wand oder Tafel auffängt, alsdann sich auf dieser Tafel ein farbiges Bild zeigt, welches unter dem Namen des prismatischen bekannt ist, und in welchem man besonders die auf einander folgenden Farben: Violett, Blau, Grün, Gelb, Orange, Roth, unterscheiden kann. Herschel stellte ähnliche Versuche mit dem Lichte der Fixsterne an. Er fand, daß das Licht des Sirius Roth, Orange, Gelb, Grün, Blau, Purpur, Violett enthält; das Licht des Betelgeuze ($\alpha$ im Orion) enthält dieselben Farben, aber das Roth ist stärker, und Orange und Gelb sind schwächer als im Sirius. Procyon ($\alpha$ im kleinen Hunde) hat mehr Blau und Purpur als Sirius, Arkturus ($\alpha$ im Bootes) dagegen hat mehr Roth und Orange und weniger Gelb. Aldebaran ($\alpha$ im Stier) hat mehr Orange und sehr wenig Gelb, Vega ($\alpha$ in der Leyer) enthält das meiste Gelb, Grün und Blau.

Noch merkwürdiger sind die Untersuchungen Frauenhofer's. Dieser berühmte Physiker hat nemlich gefunden, daß, wenn man das prismatische Farbenbild des Sonnenlichtes durch ein Fernrohr betrachtet, sich in demselben, innerhalb der verschiedenen Farben, eine Menge dunkeler Linien zeigen. Diese Linien erblickt man, wie oft man auch den Versuch wiederholen möge, immer genau an derselben Stelle. Läßt man das Licht der Planeten auf ein Prisma fallen, so erblickt man im Farbenbilde dieselben Linien genau an denselben Stellen, was auch sehr natürlich ist, da uns die Planeten nur das Sonnenlicht zusenden. Dagegen zeigen sich im Farbenbilde des Sirius dunkele Linien, die mit denen im Farbenbilde der Sonne durchaus keine

Aehnlichkeit haben, und die dunkelen Linien im Farbenbilde anderer Fixsterne scheinen wieder durchaus andere zu seyn.

Denkschriften der Königl. Bayer. Akadem. der Wissensch. Bd. 8., auch Gilbert's Annal. der Physik. Bd. 56. p. 308.

70.

In Beziehung auf die Anzahl der Fixsterne bemerke man Folgendes. Die Sterne von der ersten bis zur vierten Größe hat man wohl schon alle gezählt, selbst diejenigen, die nicht in Europa sichtbar sind. Man zählt 18 Sterne der ersten Größe, von welchen 15 bei uns sichtbar sind. Nur drei, Akarnar oder α im Eridanusflusse, Kanopus oder α im Schiffe Argo und α im Kreuze kommen nicht über unseren Horizont. Ferner hat man 52 Sterne der zweiten, 177 Sterne der dritten und 376 Sterne der vierten Größe; im Ganzen 623 Sterne von der ersten bis zur vierten Größe. Diese sind so ziemlich gleich auf beide Halbkugeln des Himmels vertheilt. Man zählt nemlich

| Sterne der | ersten | zweiten | dritten | vierten Größe. |
|---|---|---|---|---|
| in der nördl. Halbkugel | 9 | 26 | 76 | 195 |
| = = südl. = | 9 | 26 | 101 | 181 |

Die Anzahl wächst aber sehr schnell, wenn man zu den kleineren Sternen fortgeht. In dem Harding'schen Sternverzeichnisse, welches zwei Drittel der ganzen Himmelskugel umfaßt, findet man 903 Sterne der fünften, 3749 Sterne der sechsten, und 7259 Sterne der siebenten Größe. Bis zur neunten Größe kann man wohl 70,000 Sterne rechnen, und noch zahlreicher sind die kleineren Sterne. Durch

Herschel's Entdeckungen, die nun erörtert werden sollen, ist aber die Anzahl der bekannten Sterne in das Unendliche gesteigert worden.

## 71.

Der breite weiße Lichtstreifen, der sich am Himmel von Ostnordosten nach Westsüdwesten hinzieht, und besonders in den Herbst- und Winterabenden gut gesehen werden kann, ist schon seit uralter Zeit unter dem Namen der Milchstraße bekannt. Er umzieht den ganzen Himmel fast wie ein kreisförmiger Gürtel und geht nach der Ordnung durch die Sternbilder Kassiopeia, Perseus, Orion, Zwillinge, Schiff Argo, Centaur, Altar, Skorpion, Schütze, Ophiuchus, Adler, Schwan und Cepheus. Bei dem Schwan trennt sich dieser Lichtstreifen in zwei Theile, die von einander getrennt, den dritten Theil des Himmels durchlaufen und sich dann beim Altar wieder vereinigen. Die Breite der Milchstraße ist an verschiedenen Stellen sehr verschieden; an manchen beträgt sie nur fünf Grade, an anderen dagegen zehn bis sechzehn. Auch ist der Lichtglanz nicht in allen Theilen derselbe, sogar finden sich einzelne Stellen, wie z. B. in der Kassiopeia, die völlig dunkel sind; an anderen Stellen dagegen bemerkt man wieder einzelne Aeste, die von derselben seitwärts auslaufen. Die Vermuthung, daß dieser Lichtschimmer aus dem Zusammenflusse des Lichtes vieler Sterne entspringe, liegt sehr nahe und wurde häufig ausgesprochen. Aber Herschel hat sie zuerst durch die Macht seiner Fernröhren zur sicheren Wahrheit erhoben; durch diese betrachtet löste sich die ganze Milchstraße in kleine Sterne auf, und je glänzender eine Stelle dem bloßen Auge erschien, desto sternreicher war sie. Es darf jedoch nicht unerwähnt bleiben, daß schon Huygens bestimmt behauptet hat, daß die Milchstraße, durch Fernröhre betrachtet, nur als eine Sammlung von Sternen erscheine (vergl. dessen systema saturnium). Herschel hat es versucht, die Anzahl dieser Sterne an gewissen Stellen zu zählen. Er richtete sein Fernrohr auf mehrere Stellen und zählte die Sterne, die sich jedesmal im Gesichtsfelde befanden. Hieraus berechnete er, daß eine Zone von 15 Grad Länge und 2 Grad Breite über 50,000 noch unterscheidbare Sterne enthielt. Eine andere Zone, die nicht ganz drei Grade breit und ungefähr $3\frac{3}{4}$ Grade lang war, in der Gegend des Adlers, enthielt etwa 100,000 Sterne. Die helle Stelle zwischen den Sternen $\gamma$ und $\beta$ im Schwan enthält nach seiner Schätzung ungefähr 260,000 Sterne. Nach einem Ueberschlag enthält hiernach die Milchstraße ungefähr 20 Millionen Sterne. Indessen darf man nicht vergessen, daß selbst die Angaben Herschel's nur relativ sind, indem sie nur für das Fernrohr, welches er gerade anwandte, passen. Mit einem schwächeren würde man weniger, mit einem stärkeren aber gewiß mehr Sterne in einem eben so großen Gesichtsfelde sehen. Das merkwürdige Verhältniß der Anzahl der Sterne in verschiedenen Gegenden des Himmels ist ebenfalls ein Resultat der Herschel'schen Untersuchungen. Er fand nemlich, daß die Gegenden, welche am weitesten von der Milchstraße entfernt sind, am wenigsten Sterne enthalten; daß aber von dort an in einem und demselben Raume desto mehr Sterne stehen, je mehr man sich der Milchstraße nähert, ohne daß sich jedoch bis jetzt ein bestimmtes Gesetz der Zunahme angeben ließe. Nur an manchen Stellen am Himmel findet sich plötzlich, gerade wie in der Milchstraße, eine Lücke. So z. B. ist in dem Skorpion eine Oeffnung, die wenigstens vier Grade beträgt, in welcher sich nur einige wenige große Sterne befinden. Die Frage, warum wir gerade in der Milchstraße ein so großes Gewimmel von Sternen sehen, und warum sie immer seltener werden, je weiter man von der Milchstraße am Himmel fortgeht, beantwortet Herschel auf folgende Weise. Er sagt: Alle Sterne, die wir sehen, sammt der Milchstraße, gehören zu einem großen Sternsysteme. Dieses ist aber nicht kugelförmig, sondern vielmehr linsenförmig, so daß die Sterne nach der einen Richtung in viel größerer Tiefe hinter einander stehen, als nach der darauf senkrechten Richtung. Mit anderen Worten: die Länge und Breite dieses Sternsystems beträgt viel mehr als dessen Dicke. Unser Sonnensystem befindet sich aber ungefähr in der Mitte dieses Sternsystems, und zwar nahe bei dem Puncte, wo es sich in zwei Hauptabtheilungen theilt. Sehen wir daher nach der Richtung der Länge dieses Sternsystems, so erblickt das Auge eine große Reihe von Sternen, die hinter einander liegen, daher sehen wir dort den stärksten Glanz, und dies verschafft uns den Anblick der Milchstraße. Je weiter sich aber das Auge von der Milchstraße entfernt, desto weniger Sterne liegen auch in der Richtung, die es durchdringt, hinter einander, daher treten die einzelnen Sterne mehr isoliert hervor, und nach der Richtung der Dicke, wo die geringste Anzahl von Sternen hinter einander liegt, sehen wir auch deren am wenigsten. In der Milchstraße selbst sind, wie schon bemerkt worden ist, die Sterne nicht auf gleiche Weise geordnet, vielmehr zeigen sich an verschiedenen Stellen dichtere gedrängtere Haufen von Sternen, die sich, so zu sagen, von dem großen Sternenlager losgerissen und ein eigenes System gebildet haben. Ob aber hierbei Anziehungskräfte allmälich wirkten, oder ob diese Systeme schon in der ersten Anlage vorhanden waren, muß für jetzt unentschieden bleiben. Diese Sternhaufen zeigen sich unter den verschiedensten Gestalten. Manche gleichen einem Haken, andere bilden ein gleichwinkliges Dreieck, noch andere ein Viereck, bei manchen ist auch das Streben nach der Kreisform sichtbar. Uebrigens muß noch bemerkt werden, daß sich die Milchstraße, wenn man sie mit Fernröhren betrachtet, weit über den Raum hinaus ausbreitet, in welchem man sie mit bloßen Augen erblickt.

## 72.

Es giebt aber noch andere Gebilde am Himmel, die, wie die Fixsterne, ihren Ort nicht verändern, und mit der Milchstraße darin Aehnlichkeit haben, daß sie wie ein weißer Lichtschimmer erscheinen; man bezeichnet sie mit dem allgemeinen Namen Nebelflecken. Nur wenige, wie z. B. der Nebelfleck am Gürtel der Andromeda, sind noch einem guten unbewaffneten Auge sichtbar. Aber schon mit einem nicht sehr starken Fernrohre kann man eine große Anzahl entdecken, und je stärkere Instrumente man anwendet, desto mehr entdeckt man. Herschel hat schon über dreitausend derselben beobachtet, andere sind noch später aufgefunden worden. Sind diese Nebelflecken ebenfalls nur Anhäufungen von

Sternen, nur Milchstraßen, die sehr entfernt von uns sind, und uns daher nur wie kleine Flecken erscheinen, oder sind es Gebilde mannigfaltiger Art? Die Beantwortung dieser Frage beschäftigte Herschel vierzig Jahre lang. Die Hauptresultate seiner Forschungen sind in Folgendem enthalten.

Die Nebelflecken sind keineswegs alle gleicher Natur, vielmehr muß man sie in verschiedene Klassen theilen. Die erste Klasse begreift die Nebelflecken, die nur ein äußerst mattes Licht haben, welches aber über alle Theile des Nebels gleichförmig verbreitet ist, so daß der Rand desselben nicht weniger hell erleuchtet ist, als die Mitte. Diese Nebel sind nur in sehr starken Fernröhren sichtbar, aber so stark diese auch seyn mögen, so sind sie doch nicht im Stande, die Nebel der ersten Klasse in Sterne aufzulösen; immer sieht man nur einen gleichförmigen nebeligen Schimmer. Bei der zweiten Klasse von Nebelflecken wird die gleichförmige Verbreitung des Lichtes nicht mehr angetroffen, vielmehr bemerkt man in denselben eine oder mehrere Stellen, die sich durch ein besonders helles Licht auszeichnen. Im Allgemeinen sind diese Nebel viel kleiner als die der ersten Klasse, aber wie diese auch durch die besten Instrumente nicht in Sterne auflösbar. Bei einer dritten Klasse von Nebeln zeigt sich nur eine einzige helle Stelle, aber diese ist viel glänzender, als die der zweiten Klasse. Dagegen ist diese helle Stelle nicht so groß, als es die der zweiten Klasse gewöhnlich ist, sowie überhaupt auch der ganze Nebel viel kleiner ist. Die Nebel dieser Art sieht man nie einzeln, sondern immer nur in großen Gruppen, was sie ganz besonders charakterisiert. In den meisten Fällen sind an den Stellen, an welchen diese Nebelgruppen stehen, wenig oder gar keine Sterne anzutreffen, und die wenigen einzelnen, in der Regel großen, die man dort bemerkt, stehen ohne Zweifel in keiner weiteren Verbindung mit den Nebeln, und sind uns weit näher als diese. Auch diese Nebel sind nicht auflösbar, dagegen ist schon bei ihnen das Streben nach einer bestimmten Gestaltung bemerkbar. Die Ränder sind nicht mehr, wie bei den Nebeln der früheren Klasse unbestimmt und verwaschen, sondern scharf abgeschnitten, und der sie umgebende Himmelsgrund erscheint ganz dunkel. In die vierte Klasse gehören die Nebelflecken, die in einer bestimmten regelmäßigen Form erscheinen. Diese Form selbst kann aber sehr mannigfaltig seyn, bald erscheinen sie rund, bald oval, andere bilden ein Dreieck oder Viereck, andere sind aber auch weniger regelmäßig ausgebildet, so daß es überhaupt nicht möglich ist, alle einzelnen Gegenstände, die in diese Klasse gehören, zu beschreiben. Zwei besonders merkwürdige Nebel aus dieser Klasse hat der jüngere Herschel beschrieben. Der eine ist ein breiter, heller, runder Nebel, er wird in beträchtlichem Abstande von einem doppelten Ringe umgeben, so daß diese Bildung sogleich an Saturn mit seinen Ringen erinnert. Der andere besteht aus zwei sehr hellen runden Nebeln, die durch einen eben so hellen schmalen Streifen verbunden sind; lichtschwächere nebelige Masse umzieht die beiden Nebel in Form einer Ellipse, deren kleine Axe durch die Mittelpuncte der Nebel geht. Dieses Gebilde ist einzig in seiner Art, sonst aber ist die Verbindung mehrerer ausgebildeter Nebel nichts Seltenes. So erwähnt Herschel zwei kleine, fast ganz gleiche Nebel, die hart an einander stehen; ihre Trennungslinie ist gleichsam ausgezackt, aber die Vertiefung an dem einen Nebel paßt genau in die Hervorragung des anderen, als wären sie gleichsam von einandergeschnitten worden. An einer anderen Stelle sieht man wieder zwei Nebel, die an Licht sehr verschieden sind. Der eine ist hell und fast rund, der andere trübe und wie eine längliche Birne geformt, und wendet seine Spitze nach dem ersten Nebel hin. Es hat fast das Ansehen, als ob der erste Nebel den zweiten aussöge und ihm sein Licht entzöge. Bei dem Sterne $\gamma$ im Pegasus befindet sich ein dreifacher Nebel, drei kleine Nebel, die ein Dreieck bilden, sind durch drei lichtschwache schmale Nebelstreifen verbunden. Bei dem Sterne $\xi$ im Wallfische liegen vier kleine Nebel nahe bei einander, und bei dem Sterne 5 in den Haarlocken der Berenice stehen sogar sechs Nebel in einem kleinen kreisförmigen Raume zusammen. Die Analogie zwischen diesen Doppelnebeln und vielfachen Nebeln und den Doppelsternen und vielfachen Sternen bietet sich von selbst dar. Ob vielleicht auch bei diesen Doppelnebeln sich ein Glied um das andere dreht? die Beobachtung hat bis jetzt für die Beantwortung dieser Frage Nichts gethan. So viel aber läßt sich wohl mit Gewißheit annehmen, daß auch hier die Verbindung in den meisten Fällen eine p h y s i s c h e und nicht eine o p t i s c h e ist, da auch hier unmöglich der Zufall so häufig Nebel, die weit hintereinander liegen, fast in e i n e Richtung gebracht haben kann, und auch hier die verbundenen Glieder in den meisten Fällen nicht sehr in ihrer Größe verschieden sind. Die Nebel, die zu der f ü n f t e n K l a s s e gehören, haben eine völlig abgerundete Gestalt. Sie sind in der Regel viel kleiner und heller als die der vorhergehenden Klassen, und das Licht nimmt regelmäßig gegen die Mitte zu. Diese stufenweise Zunahme des Lichtes unterscheidet sie von den Nebeln der sechsten Klasse, die ebenfalls völlig rund sind, bei welchen aber der beträchtlichste Theil vom Rande bis nach der Mitte hin lichtmatt und beinahe ganz gleich stark leuchtend erscheint, während sich in der Mitte plötzlich eine kleine, aber sehr helle, scharfbegränzte Lichtscheibe zeigt, ohne daß zwischen dem matten Lichte der äußeren Theile und dem Glanze dieses Kerns eine vermittelnde Zunahme von Helligkeit zu bemerken wäre. Diese Nebel hat Herschel sternige Nebel genannt. In die siebente Klasse gehören die Nebel, die Herschel planetarische Nebel nennt. Sie haben nemlich ganz das Ansehen von Planeten, sie sind rund oder ein wenig eiförmig, in einigen Fällen von ganz scharfen Umrissen begränzt, in anderen nur wenig an den Rändern verwaschen, ihr Licht ist in der ganzen Ausdehnung gleichförmig, aber sehr stark, zuweilen dem der wirklichen Planeten an Lebhaftigkeit völlig gleich. Diese Nebel, wiewohl sie viel kleiner sind, als die der vorhergehenden Klassen, müssen dennoch eine ungeheuere Ausdehnung haben. Denn da sie eben so wenig wie die Fixsterne eine Parallaxe zeigen, so müssen sie wenigstens ebenso weit wie diese von uns entfernt seyn; dessen ungeachtet haben sie aber einen sehr bedeutenden Durchmesser. Ein planetarischer Nebel, der in der Nähe des Sterns $\nu$ im Wassermann steht, hat einen sichtbaren Durchmesser von ungefähr 20 Secunden, nimmt man seine Entfernung zu 8 Billionen Meilen an, so würde sich hieraus die wahre Größe des Durchmessers zu 1552,000,000 Meilen berechnen. Ein anderer planetarischer Nebel in der Andromeda hat einen sichtbaren Durchmesser von 12 Secunden, er müßte, unter Voraussetzung derselben Entfernung, einen Durchmesser haben, dessen wahre Größe 931,200,000 Meilen betrüge, d. h. mehr als der Durchmesser der Uranusbahn. Eine achte Klasse bilden die Körper, die in der Mitte zwischen Nebelflecken und Sternen stehen und daher Nebelsterne heißen. Sie sind nemlich eine Verbindung von einem Sterne und einer nebeligen Masse, eine Verbindung, die sich auf mannigfaltige Weise zeigen kann. Oft zeigt sich ein deutlich ausgebildeter Stern, gerade in der Mitte eines runden matten Nebels, oder vielmehr einer zarten Lichtatmosphäre, die sich nach allen Seiten hin allmälich verliert; ein solcher Stern ist z. B. 55 in der Andromeda. Bei anderen ist der Stern nur mit einem Nebelringe umgeben; dann zeigen sich wieder Sterne, die mit zwei Nebelarmen umgeben sind, wo nemlich die den Stern einhüllende Atmosphäre nach beiden Seiten hin in zwei Arme ausläuft, die fast gleich groß sind und meistens in einer und derselben Linie liegen. Manche Sterne sind auch nur auf einer Seite mit Nebeln verbunden. Zum Beispiel: an einen kleinen hellen Stern schließt sich ein Nebel, der sich wie ein Fächer entfaltet, von einem anderen laufen mehrere parallele Nebeläste aus u. s. w. In einem besonders merkwürdigen Verhältnisse stehen sehr häufig die Doppelsterne zu den Nebeln. Z. B. der Doppelstern Nr. 2827 in den Katalogen des jüngeren Herschel besteht aus zwei Sternen von der 9—10ten Größe, die um 15 Secunden von einander abstehen, diese Sterne befinden sich in den Brennpuncten einer Ellipse, die durch einen Nebel gebildet wird, welcher die Sterne umgiebt und eine beträchtliche Ausdehnung hat, indem seine große Axe 50 Secunden beträgt. So besteht Nr. 367 in denselben Katalogen aus einem dreifachen Sterne. Die drei Sterne bilden ein gleichseitiges Dreieck, und stehen in der Mitte eines kleinen runden Nebels, der sie auf allen Seiten wie eine Atmosphäre umgiebt. Bei Nr. 591 steht ein Doppelstern in der Mitte eines leeren Raumes, der von einem breiten, unregelmäßig gebildeten Nebel umschlossen wird. Der Nebel ist durch drei Spalten, die von der Mitte nach dem Umkreis auslaufen, in drei Theile getheilt, und die Richtungen dieser Spalten treffen in dem Doppelsterne zusammen. Alle diese Formen, zu welchen sich noch manche andere hinzufügen ließen, sind zu regelmäßig, als daß man dem Gedanken Raum geben könnte, man sähe hier nur ein zufälliges Zusammentreffen eines Nebels und eines Sternes, der weit hinter oder vor demselben stände; vielmehr ist die enge Verbindung zwischen Nebel und Stern ganz unverkennbar. So erwähnt der ältere Herschel einen Nebel, welcher eine Menge kleiner dichtgedrängter Sterne umhüllt, die alle dunkelroth sind, während die benachbarten Sterne ihre gewöhnliche weißgelbe Farbe haben. Zuweilen sind auch die Doppelsterne zwar nicht von Nebel umhüllt, aber doch durch einen Nebelstreifen, der sich von dem einen zum anderen hinzieht, verbunden. Bei allen vorhergehenden Klassen ändern die stärksten Instrumente im wesentlichen Anblicke der Nebel Nichts, diese bleiben immer ein matter Lichtschimmer; in die n e u n t e und letzte K l a s s e gehören aber die auflösbaren Nebel, die sich in den Fernröhren als eine Sammlung von Sternen zeigen, oder doch, auf diese Weise betrachtet, ihren Anblick so ändern, daß man vermuthen muß, sie würden sich in Sterne auflösen, wenn man stärkere Instrumente anwenden würde. Wären diese Nebel uns näher, so würden sie uns als eine Sammlung gedrängter Sterne, als Sternhaufen erscheinen, wie wir solche auch mit bloßen Augen am Himmel sehen. Ein solcher Sternhaufe ist z. B. die unter dem Namen der Pleiaden bekannte Sterngruppe im Sternbilde des Stiers; mit bloßen Augen erkennt man sechs oder sieben Sterne, mit Fernröhren sieht man 50 bis 60 eng zusammengedrängte Sterne. Auch die unter dem Namen „Haar der Berenice“ bekannte Gruppe besteht aus einer Menge Sterne. Bei manchen dieser Sternhaufen ist eine regelmäßige Anordnung unverkennbar. Die Sterne, aus welchen sie bestehen, sind gleich hell, stehen meistens gleich weit von einander ab und sind in einem vollkommen kreisförmigen Raume eingeschlossen. Es wäre vergebliche Mühe, wenn man die Sterne, die in einem solchen Haufen eingeschlossen sind, zählen wollte. Nach einem oberflächlichen Ueberschlage kann man annehmen, daß manchmal auf diese Weise zehn- bis zwanzigtausend Sterne in einem Raume zusammengedrängt sind, dessen sichtbare Ausdehnung nicht den zehnten Theil des Raumes beträgt, den der der Mond einnimmt. Bedenkt man nun, daß der vereinigte Glanz aller dieser Sterne keinen so starken Eindruck auf unser Auge macht, als der Glanz eines Sternes der fünften oder sechsten Größe, da man die wenigsten Sternhaufen noch mit bloßen Augen sieht, so kann man hieraus wieder einen

Schluß auf die außerordentlich große Entfernung machen, in der sie sich von uns befinden müssen. Auch muß noch bemerkt werden, daß bei manchen Sternhaufen ein Zusammendrängen gegen den Mittelpunct hin unverkennbar ist; so daß die Mitte oft das Bild einer hell leuchtenden Scheibe, eines blendenden Lichtklumpens darbietet. Man hat auch ringförmige Sternhaufen, in deren Mitte sich ein kreisförmiger dunkeler Raum befindet, gerade so wie es auch ringförmige Nebelflecken giebt.

73.

Alle diese Beobachtungen zusammengenommen haben Herschel zu folgenden kühnen Schlüssen geführt. Er sagt: Der völlig ausgebildete Stern ist nur die letzte Stufe einer Reihe von Umbildungen, welche die Himmelskörper von ihrer Entstehung an erleiden, und die verschiedenen Gebilde, die wir am Himmel sehen, sind nur mehr oder weniger ausgebildete Sterne. Es entspringen nemlich die Sterne aus einem Urstoff, aus einem Urlichte, welches sich, so zu sagen, noch ganz unverarbeitet in in den Nebelflecken der ersten Klasse zeigt. Sobald sich diese verdichten, so bilden sich in denselben gewisse Puncte, die allen benachbarten Lichtstoff an sich ziehen und daher heller erscheinen; so entstehen die Nebel der zweiten Klasse, die, eben dieser Verdichtung wegen, kleiner sind als die der ersten Klasse. Haben sich nun die einzelnen Kerne in diesen Nebeln so weit verdichtet, daß sie von einander losgetrennt erscheinen, so entstehen die Nebel der dritten Klasse. Die Kerne haben alsdann allen benachbarten Lichtstoff gleichsam aufgesogen; daher ist in ihrer Nähe ein Nebel anzutreffen, der Himmel erscheint dort ganz dunkel und rein. Auch kann man fast immer mit Sicherheit darauf rechnen, daß da, wo der Himmel ganz dunkel und sternleer erscheint, auch Nebellager anzutreffen sind. So ist es z. B. bei der früher (§. 71.) erwähnten Oeffnung im Skorpion, an deren westlicher Seite ein großer Nebelflecken liegt. Schreitet nun die Verdichtung fort, so nehmen die Nebel eine bestimmte Form an, die, je nachdem die Anziehungskräfte verschieden wirken, verschieden ausfallen kann. In der fünften Klasse tritt schon das Streben einer Zusammenziehung, nach dem Mittelpuncte hin, deutlich hervor, und in der sechsten Klasse ist dies bereits so weit gediehen, daß sich schon alle dichtere Masse um den Mittelpunct herum gesammelt hat, und nur noch die dünnsten Theile am äußeren Umfange geblieben sind. Haben sich nun endlich die Massen um den Mittelpunct herum hinlänglich concentriert, so erblickt man in der Mitte den vollendeten Stern, der von einem Nebel umgeben ist, so sieht man den Nebelstern, und so entsteht die achte Klasse. Hat sich der Nebelflecken in der Mitte so schnell zusammengezogen, daß die äußeren Theile nicht folgen konnten, so bleiben die letzteren als Nebelring übrig. Hat sich der Nebel auf der einen Seite ganz in den Mittelpunct hineingezogen und auf der anderen Seite nicht, so sieht man den Stern nur noch auf einer Seite mit Nebel umgeben, und so erklären sich alle die verschiedenen Gestalten der Nebelflecken. Zuweilen aber liegt noch zwischen der achten und sechsten Klasse eine Zwischenstufe, wenn nemlich zuerst sich aller Nebel von den äußeren Rändern nach dem Mittelpuncte hin gezogen und verdichtet hat, alsdann entstehen die planetarischen Nebel, die die siebente Klasse bilden. Von den Nebelsternen ist nun der nächste Uebergang zu den reinen Sternen, bei welchen aller noch übrige Nebel eingesogen und in den Kern aufgenommen worden ist. Da, wo aus den Nebeln viele Sterne entstanden, die nahe genug waren, um eine starke Anziehungskraft auf einander auszuüben, da entstanden die Sternhaufen; auch diese erblickt man in verschiedenen Stufen der Ausbildung, und je mehr sich ihre Gestalt der Kreisform nähert, desto näher scheinen sie ihrer vollendeten Ausbildung zu seyn.

Die wichtigsten Aufsätze Herschel's, die sich auf den Inhalt der §§. 71—73 beziehen, sind folgende:

On the construction of the heavens. 1785. p. 213.

Astronomical observations relating to the construction of the heavens. Phil. Transact. 1811. p. 269.

Astronomical observations relating to the sidereal part of the heavens. Phil. Transact. 1814. p. 248.

On nebulous stars properly so called. 1791. p. 71.

Catalogue of one thousand new nebulae and clusters of stars. 1786. p. 457.

Catalogue of a second thousand of new nebulae and clusters of stars. 1789. p. 212.

Catalogue of 500 new nebulae, nebulous stars etc. Phil. Transact. 1802. p. 477.

## 74.

So tief auch die Ansichten Herschel's über die Ausbildung der Himmelskörper gedacht sind, so ist es doch noch fraglich, ob sie in ihrer ganzen Ausdehnung mit dem Wirken der Natur übereinstimmen. Die verschiedenen, mehr oder weniger ausgebildeten Formen, die bald größere, bald geringere Lichtstärke, die Herschel an den himmlischen Gegenständen nachgewiesen hat, lassen freilich darüber keinen Zweifel übrig, daß diese auf verschiedenen Stufen der Ausbildung stehen. Eine ganz andere Frage aber ist es, ob die minder ausgebildeten Massen wirklich, wie Herschel meint, allmälich einen höheren Grad von Ausbildung erlangen, oder ob es nicht im Plane der Natur liegt, daß jeder der Gegenstände, die wir am Himmel erblicken, in dem Grade der Ausbildung beharren soll, den er sogleich bei seiner Entstehung erhielt, und also der vollkommene Stern ebensowohl ein ursprüngliches Naturgebilde ist, wie die lockere Nebelmasse. Wenigstens läßt sich in den uns zunächst bekannten irdischen Wesen kein analoger Uebergang aus einer niedrigeren Klasse in eine höhere nachweisen. Allerdings ist es den Naturforschern gelungen, zu zeigen, wie stufenweise in den höheren Klassen der organischen Wesen dieser Organismus sich in größerer Vollkommenheit entfaltet, davon aber, daß ein Individuum, das in eine niedrigere Klasse gehört, sich mehr ausbildete und in eine höhere Klasse überträte, finden wir kein Beispiel. Anders verhielte sich die Sache, wenn man wirklich nachweisen könnte, daß irgend ein bestimmter Nebelflecken seine Gestalt, seine Lichtstärke oder sonstige physische Beschaffenheit geändert hätte. Eine solche Aenderung kann aber nicht so leicht nachgewiesen werden. Bei so feinen Gegenständen kommt ungemein viel auf die Beschaffenheit des Fernrohrs, mit welchem man beobachtet, an. Betrachtet man denselben Nebel in derselben Nacht mit verschiedenen Instrumenten, so kann er in so verschiedener Gestalt erscheinen, daß man ihn kaum für ein und denselben Gegenstand hält; betrachtet man ihn in verschiedenen Nächten mit demselben Instrumente, so kann der verschiedene Zustand der Atmosphäre eben so große Aenderungen in dessen Anblick hervorbringen. Noch weniger Sicherheit hat man, wenn man die Nachrichten verschiedener Beobachter vergleicht. Denn mit Worten läßt sich die Gestalt und Beschaffenheit eines Nebelfleckens gar nicht beschreiben. Man muß daher seine Zuflucht zu Zeichnungen nehmen. Bedenkt man aber, wie schwer es ist, solche Erscheinungen getreu nachzuzeichnen, da ohnehin die Astronomen selbst nicht häufig gute Zeichner sind und sich daher fremder Hülfe bedienen müssen, und wie selten die Zeichnungen treu nachgestochen werden, so kann man sich nicht wundern, wenn die verschiedenen Abbildungen solcher Gegenstände so sehr von einander abweichen, und darf daraus noch gar nicht den Schluß ziehen, daß sich die Gegenstände wirklich geändert haben. Unter allen Nebelflecken ist der im Orion wohl der merkwürdigste. Er ist daher vielfach beobachtet und gezeichnet worden, und wirklich will man in demselben bedeutende Veränderungen bemerkt haben. Seine Form ist sehr unregelmäßig. Ein Theil desselben ist sehr blaß und schlecht begränzt, während der andere ein sehr starkes Licht wirft. Er wurde zuerst von Huygens im Jahre 1656 entdeckt; welcher auch im Jahre 1659 in seinem systema saturnium eine Abbildung davon geliefert hat und dabei bemerkt, daß sich die Form des Nebels während dieser Zeit durchaus nicht verändert habe. Später haben noch andere Beobachter Zeichnungen geliefert; alle diese Abbildungen sind aber nach dem Urtheile des jüngeren Herschel (Mem. of the Astron. Society. Vol. 3. p. 188.), selbst diejenigen, welche Schröter gesehen hat, nicht ausgenommen, so unvollkommen, daß sie auf keine Weise über Aenderungen Aufschluß geben können. Es ist daher ein unschätzbarer Gewinn für die Wissenschaft, daß der jüngere Herschel selbst eine unvergleichlich schöne Abbildung dieses Nebels bekannt gemacht hat, wie er sich in seinem großen Instrumente zeigt, und es wird diese Zeichnung allen späteren Beobachtern einen sicheren Haltpunct geben, wenn über Aenderungen in diesem Nebel geurtheilt werden soll. Darin stimmen aber die älteren und neueren Beobachter überein, daß der Anblick dieses Nebels durchaus von dem der auflösbaren Nebel verschieden ist, vielmehr scheint er in die dritte Klasse zu gehören.

Der ältere Herschel will mehrfache Aenderungen im Orionsnebel bemerkt haben. Einige Sterne, die in der Nähe des Nebels stehen, waren bald in nebeligen Duft gehüllt, bald wieder frei; auch in der Gestalt des Nebels, glaubt er, seyen Veränderungen vorgegangen. Noch häufigere Veränderungen glaubt Schröter gesehen zu haben. Wäre es nicht sehr vermessen, wenn man alle Bemerkungen dieser zwei ausgezeichnetsten Beobachter ohne Weiteres für bloße Täuschung erklären wollte?

Die älteren Zeichnungen von Huygens, Picard und Le Gentil findet man in Mémoires de l' acad. des sciences 1759., eine Zeichnung von Mairan in dessen traité de la lumière boréale, auch in Lalande's Astronomie, eine Zeichnung von Messier in Mémoires de l' acad.

des sciences 1771., eine spätere von Père le Fèvre de l' Oratoire in Rozier Journal de physique, (und zwar, nach Schröter, im Jahrgang 1780 oder 1781, wo ich sie jedoch vergeblich gesucht habe). Schröter's Zeichnung findet man in dessen aphroditographischen Fragmenten, nebst „Bemerkungen über Orions Lichtnebel." Die Zeichnung Herschel's ist seiner Abhandlung „Observations of the great nebula in Orion" (Mem. of the Astron. Society. Vol. 2. p. 487 — 495.) beigegeben und findet sich auch in verjüngtem Maßstabe in seinem treatise on astronomy.

Schröter's Bemerkungen über zufällige Veränderungen fixer Lichtnebel in dessen „Neueste Beiträge zur Erweiterung der Sternkunde." Abthl. 1. p. 151 — 174., und p. 221 — 235.

Nach dem Orionsnebel ist der Nebel im Gürtel der Andromeda einer der merkwürdigsten. Simon Mayer, der ihn im Jahre 1612 entdeckte, vergleicht seinen Anblick mit dem eines Lichtes, das durch Horn scheint, d. h. das Licht dieses Nebels nimmt nach der Mitte hin an Helligkeit zu. Cassini behauptet in seinen éléments d' astronomie, die Form dieses Nebels sey dreieckig, dagegen versichert Le Gentil, er habe ihn während einer Reihe von Jahren völlig rund gesehen, später aber sey er ihm oval erschienen. Zugleich bemerkt er, das Licht dieses Nebels sey in allen Theilen gleichförmig. Nach der Beschreibung des jüngeren Herschel dagegen, ist die Form dieses Nebels oval und sein Licht nimmt stufenweise von dem äußeren Umfange nach der Mitte hin zu, wo es plötzlich einen sehr starken Glanz erhält, ohne daß jedoch dieser einen scharfbegränzten Umriß hätte. Der Nebel gehört bestimmt zu den unauflöslichen, und muß nach Herschel's Beschreibung als eine Zwischenstufe zwischen der fünften und sechsten Klasse angesehen werden.

Herschel's Beschreibung dieses Nebels findet man in Mem. of the Astr. Soc. Vol. 2. p. 495—497.

## 75.

Sehr verwandt mit den Ansichten Herschel's über die allmäliche Ausbildung der Nebel ist die Vermuthung über die Ausbildung unseres Sonnensystems, die Laplace aufgestellt hat. Es war schon früher von der merkwürdigen Erscheinung die Rede, daß die Planeten in so manchen Einzelnheiten ihrer Bewegungen mit einander übereinstimmen (§. 56.). Alle bewegen sich von Westen nach Osten um die Sonne, und nur in einer bestimmten Gegend des Himmels; die Trabanten bewegen sich wieder nach derselben Richtung um die Planeten. Ferner drehen sich die Sonne, die Planeten und die Trabanten um eine Axe, und die Richtung dieser Axendrehung ist bei allen die von Westen nach Osten. Eine so auffallende Uebereinstimmung kann nicht das Werk des Zufalls seyn, sie deutet vielmehr auf eine allgemeine Ursache. Nicht minder auffallend ist es, daß die Bahnen der Planeten und Trabanten sich der Kreisform nähern, während die Bahnen der Kometen lang gestreckte Ellipsen sind. Auch das kann unmöglich etwas Zufälliges, sondern es muß ebenfalls aus einer bestimmten Ursache hervorgegangen seyn. Welcher Art aber auch immer diese Ursache gewesen sey, so muß sie in jedem Falle auf alle planetarischen Körper gewirkt haben, und bedenkt man, welche großen Zwischenräume dieselben trennen, so muß man auf den Gedanken kommen, daß hier eine ätherische Flüssigkeit, die sich über alle diese Räume ausdehnte, thätig war; da sie nun allen eine fast kreisförunige Bewegung um die Sonne mittheilte, so muß sie die letztere wie eine Atmosphäre umgeben haben. Dies führt auf die Vermuthung, daß die Atmosphäre der Sonne sich anfänglich bis über die Gränzen aller Planetenbahnen ausdehnte. In diesem Zustande glich die Sonne einem Nebelsterne, ihr eigentlicher Körper bildete den glänzenden Kern, ihre Atmosphäre die Nebelhülle. Da die geringste Kraft hinreicht, eine im Raume frei schwebende Kugel in Bewegung zu setzen, so ist es sehr wahrscheinlich, daß die Sonne schon damals sich um eine Axe drehte. Als nun die Sonnen-Atmosphäre anfing, sich zu verdichten und zusammen zu ziehen, so bildete sich an ihrer Gränze ein Kern, an welchen sich immer mehr Theile der Atmosphäre ansetzten, und der sich endlich von der übrigen Atmosphäre, die sich fortwährend zusammenzog, lostrennte. Diese losgerissene Masse zog sich nun immer mehr zusammen, kleinere Theile lösten sich wieder von derselben ab, und so entstand Uranus und seine Trabanten. Indem sich nun die übrige Sonnenmasse fortwährend mehr zusammen zog, so bildete sich unterdessen an ihrer äußersten Gränze wieder ein neuer Kern, der den Keim zu dem zweiten Planeten, Saturn, enthielt. Bei dieser losgetrennten Masse ereignete sich aber der besondere Vorfall, daß sich die Mitte schneller verdichtete als der äußere Umfang, daher rissen sich wieder die äußeren Theile los, und es entstand ein Ring, so wie wir ja auch ringförmige Nebel, die einen leeren Raum umschließen, oder einen Stern umgeben, kennen. Die Sonnenmasse zog sich nun immer mehr zurück, und so entstanden allmälich die übrigen Planeten und ihre Trabanten, und die Sonne bildete sich zu einem reinen Sterne aus. Die Absonderungen der einzelnen Massen, die den Stoff der Planeten enthielten, mußten natürlich da vorfallen, wo die heftigste Bewegung war, d. h. wo die größte Umdrehungsgeschwindigkeit statt fand, oder in der Nähe des Aequators der Sonne (§. 26.). Die Planeten konnten also nur in der Nähe des Aequators entstehen, und ihre Bahnen müssen daher in einer Zone eingeschlossen seyn, die sich nur wenig von dem Sonnenäquator auf beiden Seiten entfernt. Hatte ferner der Sonnenkörper, bei seiner ursprünglichen Ausdehnung, eine Axendrehung von Westen nach Osten, so mußten auch alle Planeten, in dem Augenblicke als sie sich losrissen, an dieser Bewegung Theil nehmen, und sich daher auch später nach dieser Richtung um die Sonne bewegen. Da sie überdies, als sie noch mit der übrigen Masse vereinigt waren, vermöge der Axendrehung der Sonne, Kreise beschrieben, deren Mittelpunct im Mittelpuncte der Sonne lag, so mußten sie auch bei ihrer Lostrennung, sobald keine heftige Störung auf sie einwirkte, fortfahren, fast kreisförmige Bahnen zu beschreiben. Da ferner die der Sonne näheren Theile der losgetrennten Masse eine kleinere Geschwindigkeit hatten, als die entfernteren, indem sie kleinere Kreise beschrieben, so mußte die nun verbundene Masse eine drehende Bewegung nach derselben Richtung annehmen, nach welcher sie sich fortbewegte. Auf ähnliche Weise lassen sich auch die ähnlichen Bewegungen der Trabanten erklären. Wenn sich nun noch in den Gegenden, die die Sonnenatmosphäre bei ihrer Zusammenziehung verließ, Theile befanden, die zu locker waren, um sich wieder mit den Planeten oder unter einander zu vereinigen, so mußten sie ihre frühere kreisförmige Bewegung um die Sonne fortsetzen, und aus solchen feinen Theilen könnte alsdann das Zodiakallicht (§. 37.) entstanden seyn. Die Entstehung der Kometen wird durch diese Hypothese nicht erklärt, vielmehr muß man sie als Körper betrachten, die nicht aus der Sonnenmasse gebildet worden sind, sondern für sich bestanden haben, und nur, durch die Sonne angezogen, sich um dieselbe bewegen.

So scharfsinnig aber diese Ansicht über die Ausbildung des Sonnensystems ist, die übrigens Laplace selbst nur als eine Hypothese hinstellt, so läßt sich doch manches gegen dieselbe einwenden. Sie erklärt zum Beispiel nicht, warum sich alle Trabanten, so weit man deren Bewegung genau untersucht hat, sich in derselben Zeit um ihre Axe drehen, in welcher sie sich um den Planeten bewegen, während doch die Planeten ganz andere Umlaufszeiten als Umdrehungszeiten haben. Auch sagt sie nicht, warum die in den Planeten concentrierte Sonnenmasse aufgehört hat, selbst zu leuchten.

Exposition du système du monde par Laplace, cinquième édit. 1824. liv. 5. ch. 6.

## 76.

Da wir hier Gelegenheit nahmen, über den vergangenen Zustand des Sonnensystems zu sprechen, so wird es auch nicht unpassend seyn, einige Worte über dessen Zukunft zu sagen. Es ist schon früher mehrfach von den Störungen die Rede gewesen, die jeder Planet im Laufe des andern verursacht, und ähnliche Störungen kommen auch bei den Trabanten vor. So z. B. wurde bemerkt, daß die Erde nicht ungestört ihre Bahn um die Sonne beschreiben kann, sondern daß durch die Anziehung der übrigen Planeten ihr Lauf auf mancherlei Weise geändert wird. So ist es im Allgemeinen bei allen Planeten. Die Größe, Gestalt und Lage ihrer Bahnen sind einer steten Aenderung unterworfen. Man scheint daher mit Grund fürchten zu müssen, daß durch diese Störungen zuletzt die Harmonie im Sonnensysteme aufgehoben, und dieses zerstört werde. Wenn z. B. die Bahn eines Planeten immer enger würde, so daß er sich der Sonne immer mehr näherte, so würde hierdurch nicht blos seine physische Beschaffenheit geändert, sondern er würde in die Sonne stürzen, und aus der Reihe der Planeten verschwinden. Wenn sich dagegen diese Bahn immer mehr öffnete, so würde sich der Planet immer mehr von der Sonne entfernen, er würde immer schwächer von ihr angezogen und zuletzt in den Wirkungskreis einer andern Sonne treten. Nicht weniger Gefahr würde dem Sonnensystem drohen, wenn sich die Neigungen der Planetenbahnen fortwährend änderten. Indessen ist es, mit Hülfe der höheren Mechanik, gelungen zu beweisen, daß die Störungen, die aus dem Sonnensystem entspringen und nicht von fremden Ursachen herrühren, auf die Dauer desselben durchaus keinen schädlichen Einfluß ausüben. Die Aenderungen sind nemlich alle periodisch und innerhalb sehr enger Gränzen eingeschlossen, so daß sich das Sonnensystem nie bedeutend von einem mittleren Zustande entfernt.

77.

Als es durch die Kraft der Herschel'schen Teleskope gelungen war, Blicke in Sternenwelten zu werfen, deren Daseyn früher nicht geahnet worden war, so mußte sich natürlich die Frage bald aufdrängen, ob es von der Kraft unserer Instrumente abhänge, wie weit wir in die Tiefe des Himmels eindringen könnten, oder ob es überhaupt unmöglich sey, Gegenstände, die über eine gewisse Gränze hinauslägen, zu erkennen. Fragen wir zuerst, wie weit die verschiedenen Gebilde, die wir durch das Herschel'sche Teleskop kennen gelernt haben, entfernt sind, so versteht es sich von selbst, daß es bis jetzt nicht möglich ist, diese Entfernungen in Zahlen anzugeben, da wir nicht einmal die Entfernung des nächsten Fixsterns kennen. Eine andere Frage aber ist die, ob wir nicht, wenn wir die freilich unbekannte Entfernung des nächsten Fixsterns als Maßstab annehmen, die Entfernung der übrigen Himmelskörper im Verhältniß zu ihr bestimmen können. Herschel, der zuerst diese Untersuchung aufnahm, ging dabei von folgender Betrachtung aus. Ein gewöhnliches gutes Auge unterscheidet am Himmel Sterne von der ersten bis zur sechsten Größe. Nun kann es freilich zuweilen vorkommen, daß die Sterne, die wir kleiner sehen als andere, auch wirklich kleiner sind. Im Allgemeinen ist aber kein Grund vorhanden, anzunehmen, daß z. B. die Sterne der zweiten oder dritten Größe auch wirklich kleiner seyen, als die der ersten Größe. Vielmehr ist es viel wahrscheinlicher, daß die Größe oder Lichtstärke, in welcher wir die Sterne sehen, von ihrer Entfernung abhängt. Ein Stern der sechsten Größe wird daher im Allgemeinen sechs mal so weit von uns entfern seyn, als ein Stern der ersten Größe. Da nun ein gewöhnliches Auge die Sterne, die unter der sechsten Größe sind, nicht mehr sieht, so können wir daraus schließen, daß die sechsfache Entfernung des nächsten Fixsterns die Gränze der Sehweite eines gewöhnlichen Auges ist, in welcher es noch einzelne Sterne unterscheiden kann; oder, wie sich Herschel ausdrückt, daß die raumdurchdringende Kraft des unbewaffneten Auges sechs Siriusweiten beträgt (indem er Sirius als den nächsten Fixstern ansieht). Was über diese Gränze hinausliegt, das können wir nur mit Hülfe der Fernröhren entdecken. Die Wirkung des Fernrohrs liegt aber alsdann nicht darin, daß es das Bild des Sterns vergrößert, denn wenn ein Stern nicht Licht genug hat, um dem bloßen Auge sichtbar zu werden, so würde die Vergrößerung nur dazu dienen, dieses schwache Licht auf einen noch größeren Raum zu vertheilen, und daher noch mehr zu schwächen. Vielmehr kann uns das Fernrohr nur dadurch die kleinen Sterne sichtbar machen, daß es eine große Lichtstärke besitzt. Unser Auge kann nemlich, vermöge seines natürlichen Baues, nur eine gewisse Anzahl von Lichtstrahlen, die von einem leuchtenden Gegenstande ausgehen, aufnehmen. Das Fernrohr aber, wenn es die gehörige Lichtstärke hat, concentriert eine viel größere Menge von Lichtstrahlen, und indem es diese dem Auge zuführt, so sieht dieses Gegenstände, die es ohne diese Hülfe nicht erblicken konnte. Das größte

Teleskop, welches Herschel anwandte, concentriert 40,000 mal so viel Lichtstrahlen, als das bloße Auge. Das Licht der leuchtenden Gegenstände nimmt aber mit dem Quadrate der Entfernung ab, d. h. ein leuchtender Körper muß uns viermal oder neunmal u. s. w. so viel Lichtstrahlen zusenden, sobald er in einer zweimal oder dreimal u. s. w. so großen Entfernung steht, wenn er uns eben so sichtbar seyn soll, als in der einfachen Entfernung. Wir werden daher mit Hülfe des größten Herschelschen Teleskops die Sterne noch eben so deutlich sehen, wie wir Sterne der sechsten Größe mit bloßem Auge erkennen, wenn sie 200 mal so weit wie diese entfernt sind (weil 40,000 so viel, wie 200 mal 200 ist). Das heißt, wir erkennen alsdann noch einzelne Sterne, die 1200 Siriusweiten oder ungefähr 10,000 Billionen Meilen von uns entfernt sind. Da das Auge in der Entfernung von sechs Siriusweiten noch einzelne Sterne erkennt, so läßt sich hieraus schließen, daß es einen zusammengedrängten Haufen von Sternen in noch viel bedeutenderen Entfernungen erkennen wird. Da es aber Sternhaufen giebt, deren einzelne Sterne man kaum durch das größte Herschel'sche Teleskop erkennt, so läßt sich daraus schließen, wie ungeheuer weit diese entfernt seyn müssen. Nimmt man an, daß ein solcher Sternhaufen 10,000 Sterne enthält, und viele enthalten gewiß mehr, so giebt dieser Haufen 10,000 mal so viel Licht, als ein einzelner Stern, der in derselben Entfernung steht; dieser Sternhaufen muß also 100 mal so weit entfernt seyn, als ein einzelner Stern, den das Teleskop noch zeigt (weil 10,000 so viel, als 100 mal 100 ist), d. h. er muß 120,000 Siriusweiten oder ungefähr eine Trillion Meilen entfernt seyn. Die Entfernung der unauflöslichen Nebel läßt sich nicht nach dem angegebenen Principe bestimmen.

Hiernach könnte es scheinen, als ob das Eindringen in die Tiefe des Himmels nur durch die Lichtstärke der Teleskope bedingt wäre, und daß man desto entferntere Gegenstände entdecken werde, je mehr man die Lichtstärke der Instrumente vergrößerte. Indessen glaubt Herschel, daß es wohl nie möglich seyn werde, mit Nutzen Instrumente anzuwenden, deren Lichtstärke die seines größten Teleskopes fünf- oder sechs mal überträfe. Der leere Raum zwischen den Sternen ist nemlich keinesweges ganz dunkel, vielmehr hat die Atmosphäre selbst ein freilich sehr mattes Licht. Je lichtstärker aber die Instrumente sind, die man anwendet, desto merklicher wird dieses Licht, so daß in den sehr starken Fernröhren der ganze Himmel mit einem schwachen Lichte überzogen zu seyn scheint. Würde man daher die Lichtstärke der Instrumente noch weiter treiben, so würde zuletzt das Licht der Atmosphäre die schwach leuchtenden Gegenstände, die man noch entdecken wollte, überstrahlen, und gänzlich unsichtbar machen.

Es möge übrigens noch bemerkt werden, daß Herschel später die Sehweite des bloßen Auges zu 12 Siriusweiten angenommen hat; mit dem großen Herschel'schen Teleskope erkennt man hiernach noch Sterne in der Entfernung von 2400 Siriusweiten, und die Entfernung eines Sternhaufens, der noch mit diesem Teleskope erkannt wird, könnte auf 24,000 bis 30,000 Siriusweiten geschätzt werden. Bedenkt man nun, daß das Licht ungefähr

986 Secunden braucht, um 41 Millionen Meilen zu durchlaufen, so findet man, daß es ungefähr 6 Jahre braucht, um von dem nächsten Fixsterne zu uns zu gelangen, wenn man nemlich dessen Entfernung zu 8 Billionen Meilen anschlägt, und um 30,000 Siriusweiten zu durchlaufen, braucht es 180,000 Jahre. Wir erblicken also die Sternhaufen vermittelst der Lichtstrahlen, die schon vor vielen Jahrtausenden von denselben ausgegangen sind; solche Sternhaufen könnten demnach schon längst vor der historischen Zeit verschwunden seyn, und wir würden sie dessenungeachtet noch Jahrtausende lang am Himmel erblicken.

Astronomical observations . . . tending to investigate the local arrangement of the celestial bodies in space, by W. Herschel, Phil. Transact. 1817. p. 302.

Astronomical observations . . . selected for the purpose of ascertaining the relative distance of clusters of stars etc. by W. Herschel. Phil. Transact. 1818. p. 429.

## 78.

In den vorhergehenden Betrachtungen ist ein Umstand außer Acht gelassen worden, der allerdings Berücksichtigung verdient, und welcher vermuthlich viel dazu beiträgt, unseren Blick in die Tiefe des Himmels sehr zu beschränken. Es ist nemlich mehr als wahrscheinlich, daß nicht alle Lichtstrahlen, die von einem entfernten Himmelskörper ausgehen, und vermöge ihrer Richtung in unser Auge gelangen könnten, auch wirklich zu uns kommen. Vielmehr scheint es, als ob der Weltraum keineswegs absolut durchsichtig sey, sondern das Licht der Himmelskörper desto mehr schwäche, je größer der Raum ist, durch welchen dasselbe sich bewegen muß. Um absolut durchsichtig zu seyn, müßte der Weltraum auch völlig klar seyn, denn jede noch so feine Materie schwächt das Licht, wenn sie eine gewisse Dicke hat. Es haben uns aber schon manche Erscheinungen auf die Vermuthung geführt, daß der Weltraum von einem feinen Aether durchdrungen sey (vergl. §. 56. S. 112.). Nimmt man nun diese Undurchsichtigkeit so geringe an, daß durch ihre Wirkung uns auch nur der 800ste Theil des Lichtes des nächsten Fixsterns entzogen wird, so ist sie doch, wie Olbers gezeigt hat, hinreichend, das Licht eines Fixsterns, der 10,000 Siriusweiten von uns entfernt und eben so groß wie Sirius ist, so zu schwächen, daß eine ungemein große Anzahl solcher Sterne in einem dichten Sternhaufen vereinigt seyn müßten, wenn sie uns noch mit den besten Fernröhren als ein blasser Nebelflecken sichtbar seyn sollten. Diejenigen Sterne aber, die über 30,000 Siriusweiten von uns entfernt sind, werden durchaus Nichts mehr zur Helligkeit des Himmelsgrundes beitragen, und uns immer völlig unsichtbar bleiben.

Wenn man bedenkt, wie ungeheuer groß die Anzahl der Sterne ist, die wir schon entdeckt haben, und daß wir desto mehr sehen, je vollkommner unsere Instrumente sind, so ist es sehr natürlich anzunehmen, daß ihre Anzahl wie der Raum selbst unendlich ist. Man hat aber gegen diese Ansicht einen scheinbar sehr gewichtigen Einwurf gemacht. Sind nemlich wirklich im ganzen unendlichen Raume Sonnen vorhanden, so müßte das Auge, nach welchem Punkte des Raumes es auch hinblickte, nothwendig auf das Licht einer Sonne treffen, es müßte daher jeder Punct des Himmels uns Fixsternlicht oder, was dasselbe ist, Sonnenlicht zusenden, und der ganze Himmel müßte eben so hell wie die Sonne erscheinen, was doch der Erfahrung gänzlich widerspricht. Sobald wir aber annehmen, daß der Weltraum nicht völlig durchsichtig ist, so zerfällt auch dieser Einwurf in sich selbst. Denn alsdann kann es allerdings seyn, daß sich nach allen Richtungen Sterne im Weltraume vertheilt finden; daß wir aber dennoch viele Stellen am Himmel ganz dunkel sehen, rührt davon her, daß die Sterne, die wir, vermöge ihrer Lage, dort erblicken sollten, zu weit entfernt sind, und daher ihr Licht durch die Undurchsichtigkeit des Weltraums verdunkelt und unsichtbar wird. Scheint es nun, bei einer oberflächlichen Betrachtung, als ob die Undurchsichtigkeit des Raumes unsere Kenntniß der Himmelskörper beschränkte, scheint es, als ob wir, wenn dieser Raum völlig durchsichtig wäre, auch eine unendlich größere Anzahl von Sternsystemen kennen lernen würden, so findet man bei genauerer Ueberlegung, daß wir im Gegentheil Alles, was wir über unser Planetensystem und den Fixsternhimmel wissen, gerade dieser Undurchsichtigkeit verdanken. Ohne sie nemlich würde das ganze Firmament gleichmäßig vom Sonnenlicht erhellt erscheinen, daher würden wir nicht im Stande seyn, irgend einen Fixstern zu unterscheiden. Unsere Sonne würde man vielleicht nur mühsam an ihren Flecken erkennen, und den Mond und die Planeten vielleicht als dunklere Scheiben auf dem hellen Himmelsgrunde erkennen. Aber wie sollten wir die Gesetze der Planetenbewegung erkennen, da uns alle festen Puncte am Himmel, durch welche wir ihren Lauf erkennen könnten, fehlen würden, da es nicht gut denkbar ist, wie wir uns ein genaues Zeitmaß verschaffen sollten, das uns jetzt nur durch die alsdann nicht mehr erkennbare tägliche Bewegung der Fixsterne gegeben ist?

Ueber die Durchsichtigkeit des Weltraums von Olbers in Bode's Astron. Jahrbuch für das Jahr 1826. S. 110.

79.

Zeigen die vorhergehenden Untersuchungen, daß unsere Forschungen, insofern sie in die Tiefe des Himmels eindringen wollen, nicht über eine gewisse Gränze hinaus gehen können, so kennen wir doch jetzt schon innerhalb des Raumes, den unser Auge durchdringen kann, Erscheinungen genug, deren Erforschung den Fleiß und Scharfsinn der Astronomen auf Jahrhunderte hinaus beschäftigen wird. Eine große Menge von Fragen sind bis jetzt noch nicht beantwortet; an die Bemühungen um ihre Lösung werden sich die nächsten Fortschritte der Astronomie anknüpfen. Schon in unserem Sonnensysteme, welches wir doch am besten kennen, ist noch Manches völlig unerklärt, oder erwartet doch eine genauere Bestimmung. Der Maßstab, nach welchem wir zuletzt alle Entfernungen, sowohl im Sonnensysteme, als auch in den anderen Sternsystemen, zurückführen müssen, ist der Durchmesser der Erde. Es ist daher wünschenswerth, daß man die Größe desselben möglichst genau kenne. Diese Genauigkeit kann aber nur dadurch erhalten werden, daß man die Gradmessungen (§. 23.) über die ganze Erde ausdehnt.

Auch die Theorie der Störungen, welche die

Planeten wechselseitig in ihrem Laufe und die Trabanten im Laufe der Planeten verursachen, ist noch einer größeren Ausbildung fähig.

Die Erscheinungen der Ebbe und Fluth sind für die Theorie der Anziehung der Sonne und des Mondes von der höchsten Wichtigkeit (§. 44.). Dennoch sind sie erst an sehr wenigen Orten mit Genauigkeit und während einer langen Zeit beobachtet worden. Da diese Beobachtungen weder besondere Vorkenntnisse, noch kostbare Instrumente erheischen, so würde man sehr bald durch die Mitwirkung von Privaten eine reiche Sammlung von Beobachtungen erhalten können, wenn man sich die Mühe geben wollte, genau anzugeben, was eigentlich beobachtet werden muß. Es wäre zu wünschen, daß irgend eine gelehrte Gesellschaft ihr besonderes Augenmerk auf diesen so wichtigen Gegenstand richtete.

Die Entdeckung der vier kleinen Planeten (§. 52.) hat von Neuem die Hoffnung aufgeregt, daß man noch unter den kleinen Sternen andere Planeten entdecken werde. Hierzu wird es nöthig seyn, zu verschiedenen Zeiten genaue Sterncharten zu entwerfen. Findet man in einer spätern Charte einen Stern nicht mehr an der Stelle, an welcher er sich nach einer früher entworfenen Charte befinden sollte, so kann dies allerdings davon herrühren, daß dieser vermeintliche Fixstern ein Planet ist; es können aber auch andere Gründe sein Verschwinden bewirkt haben, der Stern kann ein veränderlicher (§. 69.) oder nur selten sichtbarer seyn. Hier steht den künftigen Beobachtern ein reiches Feld offen. Die Natur des Sonnenlichtes hat die Physiker und Astronomen schon vielfach beschäftigt.

Entwickelt sich dieses Licht wirklich durch einen Verbrennungsproceß? sollte sich daher der Brennstoff zuletzt erschöpfen, und die Sonne im eigentlichen Sinne auslöschen, oder wird der Verlust an Lichtstoff wieder ersetzt, allenfalls dadurch, daß die Sonne Kometen oder den im Weltraume zerstreuten Lichtstoff in sich aufnimmt? Oder sollte dieses Licht elektrischer Natur seyn, und daher ohne Aufwand von Lichtstoff erzeugt werden?

Woher entsteht das Zodiakallicht (§. 37.)? ist es eine Atmosphäre, die die Sonne umgiebt, ist diese vielleicht ein Nebelstern (§. 72.)? sollte daher etwa dieses Licht immer mehr an Ausdehnung abnehmen und zuletzt verschwinden?

Sind die Planeten völlig dunkele Körper, oder haben sie ein eigenthümliches Licht (§. 41.)?

Noch mehr Fragen bietet die Natur der Kometen dar. Sind sie von der Sonne erleuchtet, oder ist ihr Licht ein eigenthümliches? ist die Sonne einem vielfachen Sterne ähnlich, wo sich selbstleuchtende Körper um andere selbstleuchtende drehen? Wie entstehen die Kometenschweife? ist ihr Licht ein eigenthümliches? Welcher Art ist der Widerstand, den die Kometen in ihrem Laufe erleiden (§. 56.)?

Die fortgesetzten Beobachtungen des Saturnsringes werden über Bau und Bewegung dieses Körpers neue Aufschlüsse geben. Besonders wird man die Anzahl der Ringe, und die Schwankungen, die man in neuester Zeit bemerkt hat, genauer zu bestimmen haben.

Wenden wir unsere Aufmerksamkeit auf den Fixsternhimmel, so häufen sich die Fragen in demselben Verhältnisse, wie die Antworten schwieriger werden. Daß es gelingen werde, die Entfernung und Größe der Fixsterne zu finden, dazu ist bis jetzt nur schwache Hoffnung vorhanden; es ist schon früher bemerkt worden, in wie fern die Beobachtung der Doppelsterne in dieser Beziehung neue Hülfsmittel an die Hand geben kann (§. 67.). Die Erforschung der eigenen Bewegung der Fixsterne (§. 65.) wird die Beobachter eine lange Reihe von Jahren hindurch beschäftigen; es wird zu diesem Endzwecke nöthig seyn, zu verschiedenen, weit aus einander liegenden Zeiten genaue Verzeichnisse der Lage der Sterne zu entwerfen. Wird diese Bewegung durch Anziehungskräfte bewirkt? werden die Fixsterne nach einem oder nach verschiedenen großen Weltkörpern hingezogen? oder ist diese Bewegung die Folge eines Stoßes? oder werden die Fixsterne vielleicht, wie die Planeten unseres Sonnensystems, zu gleicher Zeit von einer Tangentialkraft und einer Centralkraft getrieben (§. 34.), und beschreiben sie krumme Bahnen um einen sie anziehenden Körper? Hat auch unsere Sonne eine Bewegung im Raume, und nach welcher Richtung? und bewirkt diese Bewegung eine scheinbare Bewegung der Fixsterne?

Auch die veränderlichen Sterne, und namentlich die Unregelmäßigkeiten in ihren Perioden (§. 69.) bieten noch vielen Stoff zu Untersuchungen dar. Sind die Sterne, welche plötzlich erschienen und wieder verschwanden, ebenfalls veränderliche Sterne, oder sind es dunkele Körper, die durch irgend einen Zufall in Brand geriethen, um für immer zu erlöschen?

Die Beobachtung und Berechnung werden sich verbinden, um die Bahnen der Doppelsterne zu bestimmen; es wird vielleicht möglich werden, ihre Massen zu berechnen und mit der Masse unserer

Sonne zu vergleichen. Auch über das Verhältniß ihrer Farben wird man vielleicht tiefere Aufschlüsse erhalten.

Am reichsten wird die Erndte seyn, welche die Beobachtung der unauflösbaren Nebel geben wird. Sind sie die Urform, aus deren allmälicher Umbildung der Stern hervorgeht? oder werden sie von den benachbarten Sternen aufgesogen? oder sind sie zu besonderen Zwecken im Weltall verbreitet? Haben sie, wie die Sterne, eine eigenthümliche Bewegung? ist ihre Gestalt und ihre Lichtstärke Aenderungen unterworfen? dreht sich bei den Doppelnebeln ein Individuum um das andere?

Man wird auf Mittel sinnen müssen, vermittelst welcher man die Helligkeit der einzelnen Fixsterne mit größerer Genauigkeit, als es bisher geschehen ist, bestimmen können wird. Nur alsdann wird sich die Veränderlichkeit im Lichtglanze vieler Sterne, die man jetzt nur oberflächlich bemerkt, auf bestimmte Gesetze zurückführen lassen.

Alles dies sind Fragen, die die künftigen Astronomen beschäftigen werden. Die Lösung der meisten erfordert sehr große Instrumente, deren Preis bisher zu hoch war, als daß sie in den Händen vieler Beobachter hätten seyn können. Im vorigen Jahrhundert gab es nur zwei Männer, Herschel und Schröter, denen es vergönnt war, mit ihren Riesenteleskopen die Tiefen des Himmels zu erforschen. Jetzt hat sich die Anzahl der ausgezeichneten Beobachter wie der kostbarsten Instrumente auf eine erfreuliche Weise gemehrt, und so ist es zu hoffen, daß die erhabenste der Wissenschaften in den nächsten Jahrzehenden mit raschen Schritten in ihrer Ausbildung forteilen wird.

14

80.

Es muß nun noch von einer besonderen Klasse von Körpern gehandelt werden, über deren Natur man nicht einig ist. Nach Einigen gehören sie nemlich ebenfalls in das Gebiet der Astronomie, nach Anderen dagegen sind sie nur Theile der Erde. Es sind dies nemlich die Feuerkugeln und andere ähnliche Meteore. Die Erscheinung der Feuerkugeln zeigt sich, nach Chladni's treuer Beschreibung, gewöhnlich auf folgende Weise. In einer sehr beträchtlichen Höhe erscheint ein leuchtender Punct, oder ein kleines, lichtes, bald nachher sich entzündendes Wölkchen, oder ein, bisweilen auch mehrere parallele lichte Streifen, aus welchen sich nachher ein weiter fortgehender leuchtender Körper zusammenballt. Dieser Körper bewegt sich mit großer Geschwindigkeit weiter fort und bildet sich zu einer feurigen Kugel aus, die Flammen, Rauch und Funken auswirft. Gewöhnlich zieht die Feuerkugel einen Schweif nach sich, der zunächst an der Kugel aus Flammen, die sich nach hinten zuspitzen, und weiter von der Kugel aus dem nachgelassenen Rauche und Dampfe besteht, und bisweilen auch in die Länge gezogene Theile der Substanz selbst enthält. Zuweilen ist die Feuerkugel auch von abgesonderten Theilen, die sich zu kleinen Feuerkugeln ausbilden, begleitet. Endlich zerspringt dieselbe mit vielem Getöse und heftiger Erschütterung der Luft, bisweilen zerspringen auch wohl Theile derselben noch einmal; es fallen alsdann die Bestandtheile zur Erde herab, sie nehmen aber immer einen kleineren Raum ein, als man nach der Größe der Feuerkugel hätte vermuthen sollen.

Die Höhe der Feuerkugeln ist schwer zu bestimmen, weil sie sich sehr schnell bewegen und nur sehr kurze Zeit sichtbar sind. Doch kann man aus den Angaben wenigstens das allgemeine Resultat ziehen, daß sie zuweilen in einer Höhe von vielen Meilen erscheinen. So beobachtete Halley im Jahre 1719 eine Feuerkugel, deren Höhe er zu 64 geographischen Meilen berechnete. Silberschlag bestimmte die anfängliche Höhe einer im Jahre 1762 gesehenen Feuerkugel zu 19 deutschen Meilen; die Höhe einer anderen, die den 15. Mai 1811 gesehen wurde, hat Brandes zu 16 bis 18 Meilen berechnet. Die sichtbare Größe der Feuerkugeln wird gewöhnlich mit der des Vollmondes verglichen, eine Messung derselben ist bei der kurzen Dauer der Erscheinung nicht wohl möglich. Die wirkliche Größe beträgt gewöhnlich mehrere tausend Fuße. Was ihre Bewegung betrifft, so kommen sie in der Regel in einer mehr oder weniger schiefen Richtung an, zuweilen bewegen sie sich auch parallel mit dem Horizonte; sie gehen häufig über beträchtliche Strecken Landes weg, wie z. B. eine Feuerkugel, die am 18. August 1783 gesehen wurde, über Schottland, England, Frankreich und Italien weg gieng, und senken sich in einer krummen Bahn zur Erde. Zuweilen machen diese Feuerkugeln auch Bogensprünge, so daß sie sich abwechselnd herabsenken und wieder in die Höhe steigen; der Grund hiervon liegt wahrscheinlich in dem Umstande, daß die Atmosphäre durch die schnelle Bewegung des Körpers zusammengedrückt wird, und daher dieser wieder abprallt. Zuweilen hat man auch bemerkt, daß die Feuerkugeln sich um ihre Axe gedrehet haben. Die Geschwindigkeit, mit der sich diese Meteore bewegen, ist oft erstaunlich groß. So soll die Feuerkugel, die den 31. März 1676 gesehen wurde, 40 geographische Meilen in einer Minute durchlaufen haben; sie hatte also eine Geschwindigkeit, die fast der des Uranus in seiner Bahn gleich kommt. Eine andere, die man den 19. März 1719 beobachtete, durchlief mehr als 70 geographische Meilen in einer Minute; ihre Geschwindigkeit war also nicht viel geringer als die des Saturn in seiner Bahn. Den 18. August 1783 sah man in England die bereits erwähnte Feuerkugel, welche mehr als 4 geogr. Meilen in einer Secunde zurücklegte, und daher sich ungefähr eben so schnell wie die Erde in ihrer Bahn bewegte.

Die Massen, welche nach dem Zerplatzen der Feuerkugeln auf die Erde herabfallen, lassen sich in drei Klassen theilen. Es sind entweder Meteorsteine (Aerolithen, Meteorolithen), welche am häufigsten fallen, oder gediegenes Eisen mit und ohne Beimischung von erdigen Theilen, oder endlich staubartige und weiche Substanzen, in trockener oder feuchter Gestalt. Die Bestandtheile der Meteorsteine sind: Eisen, Nickel, Kobalt, Kieselerde, Magnesia, Chrom, Schwefel, Kalkerde, Thonerde, Mangan, Natrum, Kohlenstoff, Salzsäure. In vielen Meteorsteinen hat man auch einen kleinen Kupfergehalt gefunden (vergleiche Baumgartner's Zeitschrift für Physik. Bd. 3. Hft. 3. S. 229.). Gewöhnlich sind sie mit einer schwarzen Rinde umgeben, die aus denselben Substanzen, wie das Innere, besteht. Die Entstehung dieser Rinde ist bisher noch nicht gehörig aufgehellt, denn wiewohl sie durch eine Schmelzung hervorgebracht zu seyn scheint, so ist doch so viel gewiß, daß man sie nicht durch Schmelzung der Meteorsteinsubstanz hervorbringen kann. Die Größe und Quantität der gefallenen Steine ist sehr verschieden, manche sind nur einige Quentchen schwer gewesen, andere mehrere hundert Pfund. Uebrigens darf man sich nicht darüber wundern, daß die herabfallenden Massen, im Vergleich mit der Ausdehnung der Feuerkugel, fast immer sehr gering erscheinen, da diese wahrscheinlich durch die Hitze sehr ausgedehnt und in einem lockeren Zustande ist, und sich wohl zum größten Theile in Dampf und Rauch auflößt, so daß nur die mehr verdichteten Theile herabfallen.

Das Herabfallen von gediegenem Eisen ist seltener beobachtet worden, als Niederfälle von Meteorsteinen; eine der letzten Erscheinungen dieser Art ist am 26. Mai 1751 gesehen worden, wo bei Hradschina in Croatien zwei Eisenmassen, eine von 71, die andere von 16 Pfund, herabfielen. Man hat aber noch verschiedene Massen von gediegenem Eisen gefunden, die sich von dem gewöhnlichen Eisen in ihrer Structur und besonders dadurch unterscheiden, daß sie immer Nickel enthalten; auch hat man sie meistens an Orten gefunden, wo weder Eisenlager noch Eisenhütten waren. Da sie nun ganz den Massen gleichen, deren Fall man wirklich beobachtet hat, so leidet es keinen Zweifel, daß sie ebenfalls meteorischen Ursprungs sind. Eine solche Eisenmasse hat zuerst Pallas (Reisen durch verschiedene Provinzen des russischen Reichs. Theil 3. S. 411.) beschrieben. Sie wurde in Sibirien im Jahre 1749 von einem Kosacken auf einer der höchsten Spitzen eines Schiefergebirges entdeckt, an einer Stelle, wo weder Bergwerke noch Schmelzhütten in der Nähe sind.

Sie wog 1400 russische Pfund, und glich durchaus dem meteorischen Eisen. Eine andere ähnliche Masse, 194 Pfund schwer, hat man bei Lenarto in Ungarn im Jahre 1814 gefunden. Die größten Gediegeneisenmassen mögen wohl die seyn, die man am Senegal findet, in einer Gegend, wo man gar keine Eisenminen kennt. Es findet sich dort das Eisen in solcher Menge, daß es von den Negern zu Gefäßen verarbeitet wird. Auch in Mexiko finden sich Eisenmassen von vielen Centnern, die ebenfalls Nickel enthalten. Im südlichen Amerika hat man eine Eisenmasse von mehreren hundert Centnern gefunden, in einer Gegend, wo es gar keine Berge, und sogar in weitem Umfange kaum einen Stein giebt. Auch diese ist nach allen Beschreibungen den meteorischen Eisenmassen durchaus ähnlich, und so finden sich noch mehrere andere bei Chladni aufgeführt.

Die Staub- und Schlammniederfälle scheinen sich viel seltener zu ereignen, als Niederfälle von Meteorsteinen und Eisenmassen. Zuweilen hat man bei denselben ein mit vielem Getöse explodierendes Feuermeteor bemerkt. Bei anderen hat man keine eigentliche Feuerkugel, aber eine weit ausgedehnte Feuererscheinung gesehen.

Die Niederfälle aller dieser Massen stehen, nach den genauesten Untersuchungen, durchaus in keiner Verbindung mit irgend einem Ereignisse auf der Erde. Sie sind völlig unabhängig von den Jahres- und Tageszeiten, von den Weltgegenden, von der geographischen Lage, vom Wetter, von bestimmten Perioden. Daß man am Tage mehr Niederfälle beobachtet hat als tief in der Nacht, ist sehr natürlich, weil in der letzten Zeit in der Regel nur wenig Menschen Gelegenheit haben, sie zu beobachten, und eben so erklärlich ist es, warum die meisten Steinfälle in dem Theile von Europa beobachtet worden sind, wo man am meisten Sinn für Naturerscheinungen hat. Auch ist es leicht einzusehen, warum man bei heiterem Wetter die Feuermeteore häufiger gesehen hat, als bei wolkigem Himmel oder bei Regen, und es wäre sehr verkehrt, wenn man, wie Manche gethan haben, behaupten wollte, daß der heitere Himmel einen besonderen Einfluß auf die Bildung der Meteorsteine ausübte.

## 81.

Ueber den Ursprung der herabgefallenen Massen sind die Naturforscher sehr verschiedener Ansicht. Ihre Meinungen lassen sich unter vier Klassen bringen. Einige glauben, daß sie von Außen kommen und nicht Bestandtheile der Erde oder ihrer Atmosphäre, sondern, wie die großen Weltkörper, im Raume entstanden sind, und erst später von der Erde angezogen wurden. Andere, die ebenfalls ihren terrestrischen Ursprung läugnen, meinen, sie könnten Auswürfe der Mondvulcane seyn. Nach einer dritten Meinung sollen sie, wie Schnee, Hagel und ähnliche Substanzen, aus Bestandtheilen gebildet seyn, die in unserer Atmosphäre enthalten sind, und nach einer vierten Meinung sind sie Erzeugnisse der Erdvulcane, und fallen, nachdem sie in die Höhe geschleudert worden sind, auf die Erde zurück. Die letzte Ansicht hat die wenigsten Anhänger, auch verdient sie kaum eine Beachtung. Abgesehen von den vielen anderen Gründen, die gegen dieselbe sprechen, wird es hinlänglich seyn, zu bemerken, daß noch nie ein Vulcan ein Produkt geliefert hat, das mit Meteorsteinen oder auch mit dem niedergefallenen Staube eine Aehnlichkeit hätte. Will man die Meteorsteine aus dem Monde kommen lassen, so muß man annehmen, daß dessen Vulcane noch jetzt thätig sind, worauf allerdings auch andere Erscheinungen deuten (vergl. §. 42.). Würde ein Stein mit hinlänglicher Kraft vom Monde weggeschleudert, so wäre es sehr gut denkbar, daß er sich so weit von demselben entfernte, daß die Anziehungskraft der Erde stärker auf ihn wirkte, als die Anziehungskraft des Mondes; er würde alsdann nicht mehr auf den Mond zurückfallen, sondern sich nach der Erde hin bewegen. Da man die Stärke der Anziehung des Mondes und der Erde kennt, so ist es leicht zu berechnen, wie groß die Kraft, mit welcher der Stein weggeschleudert wird, seyn muß, damit er zur Erde fallen könne. Olbers und Laplace, die zuerst auf die Möglichkeit des lunarischen Ursprungs der Feuerkugeln aufmerksam gemacht haben, finden, daß die anfängliche Geschwindigkeit, mit der sich der Körper fortbewege, so groß seyn müsse, daß er in der ersten Secunde ungefähr 7800 Fuß durchlaufe, und daß er alsdann in etwa $2\frac{1}{2}$ Tagen bei uns ankommen würde. Die Möglichkeit, daß etwas vom Monde Ausgeworfenes auf unserer Erde anlangen könne, ist also durchaus nicht zu bestreiten. Dennoch aber stehen der Annahme, daß die Meteorsteine wirklich von dort aus zu uns kommen, sehr bedeutende Schwierigkeiten entgegen. Bei der oben angeführten Berechnung über die anfängliche Geschwindigkeit des Körpers, wurde nemlich auf die Bewegung des Mondes und der Erde gar keine Rücksicht genommen. In Wahr=

heit aber nimmt der Stein an der Bewegung des Mondes in seiner Bahn Theil. Er wird also nicht blos von einer Centralkraft, der Anziehungskraft der Erde, sondern auch von einer Tangentialkraft getrieben (§. 34.) und müßte daher eine der vier in §. 34. erwähnten krummen Linien beschreiben. Um auf die Erde zu fallen, müßte er eine Ellipse beschreiben, die so gestaltet wäre, daß der Punct derselben, welcher dem Brennpuncte, in dem die Erde stände (§. 34.), am nächsten wäre, innerhalb des Erdkörpers, oder wenigstens innerhalb der Erdatmosphäre fiele. Dazu gehört jedoch ein sehr bestimmtes Verhältniß der Richtung und anfänglichen Geschwindigkeit des Körpers. Da nun aber eben so gut jedes andere Verhältniß statt haben kann, so folgt hieraus, daß nur wenige der Massen, die der Mond ausschleudert, auf die Erde fallen können. Es müßten also sehr viele Meteorsteine vom Monde ausgeworfen werden, damit nur einige auf die Erde fielen, und so müßte dieser Weltkörper nach und nach eine große Verminderung seiner Masse erleiden. Auch wäre es unbegreiflich, warum das Herabfallen der Meteorsteine durchaus in keiner Beziehung zu dem Stande des Mondes gegen die Erde steht, da doch bei gewissen Ständen des Mondes die Massen viel leichter auf die Erde herabfallen könnten, als bei anderen. Rechnet man hierzu den Umstand, daß die Feuerkugeln, wie früher bemerkt wurde, oft mehrere Meilen in einer Secunde durchlaufen, und es unbegreiflich ist, wie die Mondvulcane ihnen eine solche Geschwindigkeit ertheilen könnten, so wird man einsehen, daß der lunarische Ursprung der Feuerkugeln wenigstens sehr unwahrscheinlich ist.

Sehr bald nachdem das Niederfallen von Massen durch Chladni zur unbestreitbaren Wahrheit erhoben worden war, fand die Meinung, daß diese Massen sich innerhalb der Erdatmosphäre erzeugten, viele Anhänger, und auch in der neuesten Zeit haben sich unter den Physikern sehr viele Stimmen für sie erhoben. Dennoch aber scheint, aus mehr als einem Grunde, der terrestrische Ursprung der Feuerkugeln durchaus bestritten werden zu müssen. Zuerst entsteht die Frage, wie kommen diese Massen von Metallen und Erden in die Luft? Hierauf hat man zweierlei geantwortet. Entweder nimmt man an, daß diese Stoffe in Dampfform von der Erde aufsteigen und sich in den höheren Luftregionen zu festen Körpern bilden, oder man nimmt seine Zuflucht zu einer anderen Hypothese, indem man behauptet, daß diese Stoffe ursprünglich in den höheren Schichten unserer Atmosphäre enthalten sind und einen Bestandtheil derselben ausmachen. Beide Meinungen sind aber bedeutenden Schwierigkeiten unterworfen; zuerst mögen diejenigen hervorgehoben werden, welche beide gemeinschaftlich treffen. Es ist durchaus nicht einzusehen, wie Massen, die in unserer Atmosphäre entstehen, zu einer Geschwindigkeit kommen sollten, die der Geschwindigkeit der Weltkörper in ihrer Bahn gleich ist. Auch ist die Luft in jenen Höhen, in welchen wir die Feuerkugeln bemerken, so dünn, daß viele Kubikmeilen derselben verwandt werden müßten, um nur einen festen Körper von wenigen Pfunden hervorzubringen. Ferner wäre es unerklärlich, warum die Erscheinung dieser Meteore von Allem was auf der Erde und in deren Atmosphäre vorgeht, vom Wetter, Klima u. s. w. durchaus unabhängig ist. Betrachtet man nun insbesondere die Behauptung, daß die in den Meteorsteinen enthaltenen Stoffe von der Erde aufsteigen, und frägt, auf welche Weise dies geschehe, so erhält man gewöhnlich zur Antwort, daß bei sehr vielen technischen Processen, wie z. B. beim Schmelzen der Metalle, viele Stoffe in Dampfform aufsteigen, und daß dasselbe auch bei vulcanischen Eruptionen der Fall ist. Dies ist an und für sich auch gewiß wahr. Aber wenn die Meteorsteine dadurch entstehen, daß diese Dämpfe sich in den höheren Luftregionen wieder zu einem festen Körper vereinigen, warum finden sich in denselben nur vorzugsweise gewisse Stoffe, während sie niemals andere, die ebenso häufig und noch häufiger durch dieselben Processe in Dampf verwandelt werden, enthalten? Warum findet man fast in allen Meteorsteinen das Nickelmetall, welches nur tief in der Erde angetroffen wird, und sich nicht so leicht verflüchtigt, während gerade andere, die sich viel leichter in Dämpfe verwandeln, wie Blei, Arsenik, Zink, niemals darin aufgefunden worden sind? Auch bliebe es unerklärlich, warum sich die Feuerkugeln nur in den höchsten und nicht in den niederen Luftregionen bilden, wo sich doch diese Dämpfe ebenfalls befinden, wenn man nicht zu der, im eigentlichen Sinne des Worts, aus der Luft gegriffenen Hypothese seine Zuflucht nehmen will, daß in den höheren Luftregionen eine besondere Naturkraft, die in den niedrigeren Luftschichten nicht wirkt, bei der Erzeugung dieser Meteore thätig sey. Der anderen Ansicht, daß die Meteorsteine aus Bestandtheilen unserer Atmosphäre zusammengesetzt seyen, stellt sich die einfache Bemerkung entgegen, daß die chemische Zerlegung der atmosphärischen Luft nie eine Spur der Stoffe, die in den Meteormassen vorkommen, angedeutet hat. Freilich antwortet man hierauf, daß die Mittel der Chemie noch nicht hinreichten, um diese Stoffe zu entdecken. Dieses ist aber wieder eine völlig unbegründete Behauptung. Denn wenn man zu deren Bestätigung anführt, daß ja täglich durch die mannigfaltigsten Processe eine Menge von Stoffen in die Luft gebracht werden, welche die chemische Analyse nicht anzeigt, so vergißt man, daß diese Stoffe, die nur durch die Wärme in Dampf verwandelt worden sind, wahrscheinlich wieder bald in den festen Zustand zurück kehren und als feiner Staub niederfallen, oder auch durch Regen u. s. w. wieder zur Erde zurück gebracht werden. Uebrigens hat auch bisher noch Niemand erklärt, auf welche Weise sich überhaupt die metallischen Dämpfe in den höheren Luftregionen zu einem festen Körper verbinden können, und man sieht sich genöthigt, hier wieder eine besondere, sonst völlig unbekannte, Naturkraft wirken zu lassen, die denn auch auf eine eben so unbegreifliche Weise dem Körper einen Stoß nach einer gewissen Richtung geben muß, damit er eine Bahn, wie sie die Meteormassen durchlaufen, beschreiben könne. Unstreitig ist die Meinung, welche Chladni zuerst aufgestellt und fortwährend vertheidigt hat, daß nemlich die Feuerkugeln unabhängig von der Erde im Weltraume entstehen, also kosmischen Ursprungs sind, diejenige, die am wenigsten gegen sonst bekannte physische Gesetze verstößt. Doch hat man auch gegen sie bedeutende Zweifel erhoben, die nicht unberührt bleiben dürfen. Daß diese kosmischen Massen wie die größeren Weltkörper von einer Tangentialkraft getrieben werden, hat nichts

Befremdendes, und diese Kraft kann in Verbindung mit der Anziehungskraft der Erde allerdings die Massen zwingen, eine Bahn zu beschreiben, die durch die Atmosphäre der Erde geht. Hierzu aber ist immer ein bestimmtes Verhältniß der Tangentialkraft und Anziehungskraft der Erde erforderlich, und die Massen werden nur dann auf die Erde fallen, wenn sich diese gerade in der Gegend der Erdbahn befindet, in welcher sich diese Massen bewegen. Da aber auch jedes andere Verhältniß zwischen den Kräften statt finden kann, und sich die größte Anzahl derselben in Räumen bewegen wird, in welchen sich die Erde nie befindet, so ist es klar, daß nur eine sehr kleine Zahl dieser Massen zur Erde gelangen wird. Nach einem Ueberschlage des Herrn von Schreiber ereigneten sich in etwa 2000 Jahren in Europa gegen 100,000 Steinfälle. Rechnet man hierzu die Feuerkugeln, bei welchen kein Niederfall beobachtet wurde, die wenigstens in dem vorigen Jahrhunderte über viermal häufiger waren, so folgt daraus, daß eine sehr große Zahl solcher Massen im Weltraume enthalten seyn muß. Rechnet man nun den Durchmesser der Feuerkugeln im Durchschnitt zu $\frac{1}{4}$ Meile, so würde man sie, da sie ein sehr helles Licht haben, noch in der Entfernung von 800 Meilen sehen. Wie kömmt es nun, daß diese Massen nicht störend auf die Bewegung der Planeten und Kometen einwirken? Warum verdunkeln sie nicht das Sternlicht, da ihrer doch eine sehr große Anzahl im Raume von der Erde bis zu jedem Fixsterne enthalten seyn muß? Warum sieht man so wenig Meteore bis zu einer Höhe von 800 Meilen? Was die erste Frage betrifft, so kann jede einzelne dieser Massen, wegen ihrer Kleinheit, keine bedeutende Wirkung hervorbringen; im Ganzen aber werden sich ihre Wirkungen wechselseitig vernichten und aufheben. Noch weniger aber ist daran zu denken, daß diese kleinen Massen, die sich mit so großer Schnelligkeit bewegen, auf eine merkbare Dauer das Licht der Sterne verdunkeln sollten. Auch ist es noch gar nicht ausgemacht, daß diese Meteore, wenn sie weit von der Erde entfernt sind, einen dichten Körper bilden; vielmehr ist Chladni wie Andere der Meinung, daß sie im Anfange sehr lockere ausgedehnte Massen bilden, die sich erst später mehr zusammenziehen, und allmälich, wenn sie der Erde näher kommen, zu festen Körpern verdichten. Es könnte also seyn, daß sie in den höheren Regionen eben so durchsichtig wie die Kometen wären, und man das Licht der Sterne durch dieselben schimmern sähe. Daß sie wirklich, wenn sie in die Atmosphäre kommen, noch sehr dünne lockere Massen sind, geht aus dem Verhältniß ihrer beträchtlichen Ausdehnung zu der geringen Quantität der herabfallenden Masse hervor, und scheint auch dadurch bestätigt zu werden, daß sie zuweilen von der atmosphärischen Luft abprallen und wieder in die Höhe gehen, was wahrscheinlich nicht der Fall seyn würde, wenn sie gleich im Anfange als feste Körper in die Luft einträten. Was nun den letzten Einwurf betrifft, daß man nemlich nur wenig Feuerkugeln in großen Höhen sieht, so könnte man hierauf antworten, daß sie in so großen Entfernungen noch gar nicht leuchten. Chladni und Andere, die seiner Ansicht über den Ursprung der Feuerkugeln zugethan sind, glauben wirklich, daß die Meteormassen nicht glühend aus dem Weltraume ankommen, sondern sich erst in der Atmosphäre erhitzen. Es ist nemlich eine bekannte Thatsache, daß die Luft, wenn sie stark zusammengepreßt wird, sehr viel Wärme und Licht entwickelt, und man hat auf diese Eigenschaft sogar eine Vorrichtung gegründet, die sogenannten pneumatischen Feuerzeuge, um brennbare Stoffe vermittelst der zusammengepreßten Luft zu entzünden. Es wäre also allerdings denkbar, daß die Feuerkugeln ebenfalls, wenn sie mit großer Schnelligkeit in die Luft eindrängen, dieselbe stark zusammenpreßten, sich erhitzten und in Brand geriethen. Indessen steht doch dieser Vermuthung wieder die Bemerkung entgegen, daß man die Meteormassen schon in der Höhe von 20 Meilen, vielleicht schon in Höhen, die sich auf mehrere hundert Meilen belaufen, leuchtend und mithin auch glühend gesehen hat, während dort, nach unseren Begriffen von dem Wesen der Atmosphäre, die immer dünner wird, je höher man sich über die Erde erhebt, kaum noch Luft vorhanden ist, am wenigsten aber Luft von so großer Dichtigkeit und Wärme, daß sie die Feuerkugeln bis zum Glühen erhitzen könnte. Auch ist es unwahrscheinlich, daß Staubmassen und schleimige Substanzen, die man doch ebenfalls, von Feuererscheinungen begleitet, herabfallen sah, eine solche Zusammendrückung der Luft bewirken könnten. Es ist daher einfacher, anzunehmen, daß die Massen schon glühend aus dem Weltraume ankommen. Daß man sie aber nur selten in großen Höhen bemerkt, liegt theilweise darin, daß man sie am Tage wegen des Sonnenlichtes, und des Nachts wegen des Glanzes der Sterne leicht unbemerkt läßt, da es überhaupt eine bei den Astronomen bekannte

Erfahrung ist, daß man leicht lichtschwache Gegenstände, auf deren Erscheinen man nicht vorbereitet ist, übersieht. Uebrigens sind auch gewiß viele Sternschnuppen, die man in großen Höhen bemerkt, nichts Anderes als entfernte Feuerkugeln (s. §. 82.). Weniger bedeutend ist die Bemerkung, daß die Feuerkugeln mit den Erdbeben in Verbindung zu stehen scheinen, was gegen ihren kosmischen Ursprung sprechen würde. Denn es ist schon oben bemerkt worden, daß sie in keinem Zusammenhange mit dem Wetter stehen, und wenn sie auch zuweilen mit Erdbeben zusammengetroffen sind, so lassen sich dagegen wieder viel mehr Fälle aufzählen, wo dies nicht der Fall war. Der schwierigste Punct, den die Chladni'sche Hypothese eben so wenig wie die übrigen zu erörtern vermag, bleibt immer die ähnliche Zusammensetzung aller Meteorsteine. Wenn sie wirklich im Weltraume entstehen, so sollte man denken, daß sich dort nicht blos alle Stoffe, die auf unserer Erde vorkommen, finden, sondern auch noch viele andere. Warum aber sollten nur Eisen, Nickel, und die wenigen anderen Stoffe, die man in den Feuerkugeln antrifft, zur Erde niederfallen, während von den anderen im Weltraume zerstreuten Stoffen nie das Geringste zur Erde herabkommt? Sobald man sich also überzeugt hat, daß die Feuerkugeln nicht innerhalb der Erdatmosphäre entstehen, so erfordert die dringende Wahrscheinlichkeit, anzunehmen, daß sich nicht zufällig die Massen, die die Bestandtheile derselben ausmachen, irgend wo im Raume zusammen finden, sondern daß vielmehr die Feuerkugeln alle von einem und demselben bestimmten Orte außerhalb der Erde herkommen. Welcher aber dieser Ort sey, da es, wie früher bewiesen wurde, der Mond nicht seyn kann, darüber läßt sich bis jetzt auch nicht die leiseste Vermuthung aussprechen, und es steht zu erwarten, ob die Fortschritte der Wissenschaft hierüber mehr Aufklärung geben werden.

Die wichtigsten Schriften über die Feuerkugeln und ähnliche Meteore sind:

Ueber Feuer-Meteore und über die mit denselben herabgefallenen Massen, von E. F. F. Chladni. Wien 1819.

Versuch eines Beweises, daß wahrscheinlich die Feuer-Meteore atmosphärischen Ursprungs sind, von P. N. E. Egen in Gilbert's Annalen der Physik Bd. 72. S. 375—422. — Die Gegenbemerkungen Chladni's ebendaselbst Bd. 75. S. 247—257.

Etwas über Meteorolithen von Hofrath Munke in dem Journal für Chemie und Physik, von Schweigger, Bd. XXX. S. 259 — 293.

82.

Mit den Feuerkugeln scheinen die **Sternschnuppen** nahe verwandt zu seyn. Sie zeigen sich als kleine leuchtende Körper, welche man in heiteren Nächten bald schneller, bald langsamer durch die Luft fortschießen und dann verschwinden sieht. Zuweilen ziehen sie einen hellen oder trüben Strahl hinter sich. Nach Brandes Beobachtungen sind wahrscheinlich die kleinsten die niedrigsten, die hellsten dagegen erscheinen in viel größerer Höhe. Ihre Geschwindigkeit beträgt wohl zuweilen einige Meilen in einer Secunde, ihre Entfernung von der Erde ist sehr verschieden, bei einigen ist sie auf einige Meilen, bei anderen bis zu 80 Meilen geschätzt worden;

manche waren auch so hoch, daß man ihre Entfernung nicht vermittelst der Parallaxe (§. 24.) bestimmen konnte. Ihren Durchmesser hat man auf 40 bis 100 Fuß, und auch wohl mehr, geschätzt. Zuweilen bewegen sie sich auch aufwärts. Ihre Erscheinung ist vermuthlich von den Jahreszeiten, vom Wetter u. s. w. unabhängig. Bisweilen zeigen sie sich in geringerer, bisweilen in größerer Menge, ja man hat sie schon ganze Nächte hindurch in zahlloser Menge wie einen Feuerregen gesehen. Daß bisweilen die Sternschnuppen eine schleimige oder harzige Masse zur Erde fallen lassen, wie Manche versichern, scheint noch sehr ungewiß zu seyn. Ueber den Ursprung der Sternschnuppen haben sich die Naturforscher bis jetzt eben so wenig wie über den der Feuerkugeln vereinigen können. In früherer Zeit glaubte man, sie seyen, wie der Blitz, eine elektrische Erscheinung. Indessen unterscheiden sie sich in ihrer Bewegung und Wirkung zu sehr von allen elektrischen Erscheinungen, als daß man dieser Ansicht beipflichten könnte. Viele Physiker glauben, sie seyen öhlichte oder fette Dünste, die in Brand geriethen oder wenigstens leuchteten. Doch ist es nicht gut einzusehen, wie sie in diesem Falle zu der Geschwindigkeit von mehreren Meilen in einer Secunde kommen sollten. Nach Chladni sind sie, ihrer Natur nach, von den Feuerkugeln nicht wesentlich verschieden, und ebenfalls Massen, die im Weltraume entstehen, und hoch über die Erde wegziehen, oder vielleicht zuweilen auch auf dieselbe niederfallen. Einer ähnlichen Ansicht ist auch Davy. Aus seinen Versuchen über die Flamme hat er den Schluß gezogen, daß das Licht der Sternschnuppen und Feuerkugeln nicht von einer Entzündung elastischer

Flüssigkeiten herrühren könne, sondern von dem Glühen fester Körper. Er glaubt daher, daß die Sternschnuppen kleine feste Körper sind, die sich um die Erde bewegen, und leitet ihr Glühen aus dem Umstande ab, daß sie, selbst in sehr großen Höhen, bei ihrer außerordentlichen Schnelligkeit, im Stande sind, die sehr dünne Luft zu verdichten und eine große Quantität Wärme aus ihr zu entwickeln (Gilbert's Annalen der Physik. Bd. 56. S. 241.). Will man aber das Letztere, aus Gründen, die schon bei den Feuerkugeln angeführt worden sind, nicht zugeben, so kann man annehmen, daß die Lichtschnuppen Körper sind, die schon glühend in unsere Atmosphäre kommen.

83.

Eine besondere Erwähnung verdient auch noch die Erscheinung, die unter dem Namen des **Nordlichtes** bekannt ist. Man erblickt zuweilen des Nachts am nördlichen Theile des Himmels einen mehr oder minder hellen Lichtschein, der sich von der Abenddämmerung sogleich durch seine Lage, Farbe und Lichtstärke unterscheiden läßt. In unseren nördlichen Gegenden zeigen sich die Nordlichter gewöhnlich nur im Herbst und Winter, in manchen Jahren häufiger, in anderen seltener, ohne daß sich bis jetzt ein regelmäßiger Wechsel ihres Erscheinens nachweisen läßt. Je weiter man nach Norden kommt, desto häufiger sieht man sie, und in den Polargegenden zeigen sie sich gewöhnlich jede Nacht. Die Gestalt der Nordlichter ist nicht immer dieselbe, in der Regel aber zeigen sie sich, wenn sie völlig ausgebildet sind, auf folgende Weise. Einige Stunden nach Sonnenuntergang, zuweilen noch früher, zeigt sich am nördlichen Himmel, nicht sehr hoch über dem Horizonte, eine dunkele Wolke, die oben von einem Kreisbogen begränzt wird. Allmälich erhebt sich die Wolke und es bildet sich an ihrer äußersten Gränze ein glänzender Bogen, aus welchem lichthelle Strahlen in die Höhe schießen. Zuweilen entstehen auch zwei oder drei helle Bogen, durch deren Zwischenräume man die dunkele Wolke erblickt. Die Lichtstrahlen bekommen gewöhnlich gelbliche oder röthliche Farben und sind in einer beständigen zitternden Bewegung, und ändern ihren Ort bald schneller, bald langsamer; je heller das Nordlicht wird, desto deutlicher sieht man auch diese Bewegung. Wenn es seine größte Helligkeit erreicht hat, so bilden die Lichtstrahlen und farbigen Bogen in der Nähe des Zeniths eine Art von Ring, die man gewöhnlich die Krone nennt, und aus welcher farbige Lichtstrahlen nach allen Seiten des Horizontes ausfahren. Alsdann fängt das Phänomen an zu verschwinden, doch geschieht dies selten plötzlich, sondern in der Regel nur allmälich. Der Lichtglanz wird immer schwächer, bis man zuletzt nur noch einen weißlichen Lichtschein im Norden bemerkt, der zuletzt ebenfalls verschwindet. Die Materie, aus welcher das Nordlicht besteht, muß in jedem Falle eine sehr dünne seyn, da man mit bloßen Augen die Sterne der ersten und auch wohl die von geringeren Größen durch alle Lichtstrahlen und glänzende Wolken desselben schimmern sieht. Durch Fernröhre zeigen sich auch die kleinsten Sterne im Schimmer des Nordlichtes; Bode hat sogar am 11. Februar 1779 den kleinen, damals sichtbaren Kometen, durch eine glänzende, feuerrothe Wolke des Nordlichtes, mit einem Fernrohre gesehen. Die Frage, bis auf welche Höhe sich die Nordlichter erstrecken, ist bis jetzt noch nicht genügend beantwortet worden. In vielen Fällen verliert sich das Licht derselben so allmälich am Himmel, daß sich die Begränzung desselben nicht angeben läßt, und daher jeder Versuch, seine Höhe zu bestimmen, überhaupt unmöglich wird. Wo aber das Nordlicht durch einen Lichtbogen scharf begränzt ist, da bleibt dieser Bogen selten in derselben Höhe, sondern befindet sich gewöhnlich in einer steten Bewegung. Wenn man den bisher angestellten Messungen Glauben schenken will, so erreichen sie zuweilen eine Höhe von 50, zuweilen aber auch nur von einer geographischen Meile. Nach Mairan soll das am 19. October 1726 zu Paris gesehene Nordlicht sogar eine Höhe von 160 geogr. Meilen erreicht haben. Auffallend ist es, daß viele zuverlässige Beobachter behaupten, die Erscheinung des Nordlichtes werde von einem Geräusche in der Luft begleitet, während andere dies entschieden verneinen. Vielleicht sind nicht alle Nordlichter von einem solchen Geräusche begleitet, oder vielleicht muß sich auch der Beobachter in einer bestimmten Lage gegen das Nordlicht befinden, um es zu hören. So viel ist gewiß, daß man bei dem großen, am 7. Januar 1831 gesehenen Nordlichte, welches an so vielen Orten beobachtet wurde, nirgendwo eine Spur eines solchen Getöses bemerkt hat. Ob die Nordlichter nur bei gewissen Zuständen der Atmosphäre erscheinen oder nicht, ist ebenfalls noch nicht entschieden, doch scheinen die meisten Beobachtungen darauf hinzudeuten, daß kein solcher Zusammenhang zwischen den Nordlichtern und der Atmosphäre statt findet. Dagegen ist der Einfluß der Nordlichter auf die Stellung der Magnetnadel außer Zweifel gesetzt. Sobald das Nordlicht über dem Horizonte erscheint und selbst schon früher, fängt die Nadel an von ihrer früheren Lage bedeutend abzuweichen, und diese Abweichung bemerkt man selbst an Orten, wo das Nordlicht gar nicht über den Horizont heraufkommt. In der südlichen Halbkugel sieht man eine dem Nordlichte durchaus ähnliche Erscheinung nach dem Südpole hin, welche man deswegen das Südlicht nennt. Ueber das Wesen und die Entstehung des Nordlichtes läßt sich bis jetzt durchaus nichts Bestimmtes sagen, wiewohl es nicht an Hypothesen fehlt, wovon aber die meisten kaum eine Erwähnung verdienen. Nach Mairan reicht die Sonnenatmosphäre über die Erdbahn hinaus, daher tritt die Erde zu Zeiten in dieselbe und zieht einen Theil an sich, der alsdann durch die Umdrehung der Erde nach den Polen hin getrieben wird. Nach Euler entstehen die Nordlichter dadurch, daß die Sonnenstrahlen heftig gegen die feineren Theile der Atmosphäre anstoßen, und diese dadurch bis zu den großen Höhen, in welchen man die Erscheinung erblickt, treiben. Daß sie sich in der Nähe der Pole zeigen, erklärt er daraus, daß in jenen Gegenden die Sonne am längsten über dem Horizonte bleibt und daher die Atmosphäre dort lange Zeit ohne Unterbrechung von den Sonnenstrahlen getroffen wird. In der neuesten Zeit hat man die Nordlichter mit vieler Wahrscheinlichkeit für eine elektrische oder magnetische Erscheinung erklärt, wofür besonders ihr Einfluß auf die Magnetnadel spricht. Wie es aber zugehe, daß sich die elektrische oder magnetische Ma=

terie an den Polen sammle, darüber sind die Physiker nicht einig; und es ist hier um so weniger nothwendig, die verschiedenen Meinungen, deren Verständniß einige physikalische Vorkenntnisse voraussetzt, weitläuftiger zu erörtern, da sich gegen alle gegründete Zweifel vorbringen lassen.

## 84.

Es giebt noch einige andere Meteore, die zwar scheinbar mit den Himmelskörpern in Verbindung stehen, in Wahrheit aber innerhalb unserer Atmosphäre entstehen, und über deren Natur man keinesweges, wie bei den früher erwähnten Meteoren, in Zweifel ist. Zuweilen sieht man den Mond von einem glänzenden, runden Scheine umgeben, den man einen Mondhof nennt. Gewöhnlich ist er nahe bei dem Monde heller, und nach dem Rande hin blässer. Die Erscheinung entsteht, wenn sich zwischen dem Monde und dem Auge Dünste befinden, die, durch den Mond erleuchtet, sichtbar werden. Zuweilen sieht man auch den Mond von mehreren farbigen Ringen umgeben, die nur um wenige Monddurchmesser von demselben abstehen; auch die Sonne, ja sogar Venus, Jupiter und die hellsten Fixsterne sind zuweilen von solchen farbigen Ringen umgeben, die man ebenfalls Höfe nennt. Sie entstehen, wenn diese leuchtenden Körper von Dünsten umgeben sind, in welchen sich das Licht derselben, wie im Prisma (§. 69.), in Farben auflöst. Man kann eine den Höfen ganz ähnliche Erscheinung hervorbringen, wenn man eine reine Glasscheibe schwach anhaucht, und durch dieselbe ein entferntes helles Licht oder den Mond ansieht.

Von diesen kleineren Höfen muß man die größeren unterscheiden. Diese letzteren bestehen nemlich ebenfalls aus farbigen Ringen, die sich um Sonne oder Mond bilden, aber sie stehen viel weiter als die ersteren von dem leuchtenden Körper ab, und ihre Erscheinung ist von manchen Nebenumständen begleitet, die sich bei den kleineren Höfen nicht zeigen. Ein wesentliches Erforderniß zu ihrer Bildung ist das, daß die Atmosphäre mit Dünsten erfüllt ist. Sie zeigen sich alsdann, wenn sie vollkommen ausgebildet sind, ungefähr auf folgende Weise. Die Sonne ist in einem Abstande von ungefähr 40 Sonnendurchmessern von einem weißen Ringe umgeben, der an dem inneren Rande roth, an dem äußeren bläulich gefärbt ist. Ein anderer farbiger Kreis geht durch die Sonne selbst, ebenso ein dritter weißer Kreis, der mit dem Horizonte parallel ist, und den ganzen Himmel umgiebt. Auf diesem letzten Kreise zeigen sich alsdann mehrere **Nebensonnen**, d. h. glänzende Flecken von der Größe der Sonne, die gewöhnlich farbig sind, zuweilen sehr hell glänzen, manchmal aber den Glanz weißer Wolken nicht viel übertreffen. Von den Nebensonnen und den farbigen Ringen gehen zuweilen wieder andere Kreise oder Kreisbogen aus. Diese Erscheinungen bilden sich in nicht sehr hohen Luftregionen, da sie von den Winden auseinander getrieben werden, und auch nicht an sehr entfernten Orten zu gleicher Zeit sichtbar sind. Daß sie durch Brechung des Lichtes in der Atmosphäre entstehen, leidet keinen Zweifel, doch muß man, um die einzelnen Phänomene zu erklären, gewisse Dispositionen der Luft annehmen, über die man sich noch nicht völlig vereinigt hat. Am wahrscheinlichsten ist die

Ansicht, daß die Höfe und Nebensonnen entstehen, wenn sich eine Menge kleiner Eisnadeln in der Luft befinden, die das Licht der Sonne oder des Mondes zurückwerfen und so die glänzenden Ringe erzeugen, und da, wo viele Strahlen zusammentreffen, die Nebensonnen und Nebenmonde bilden.

## 85.

Zum Schlusse möge noch von einigen optischen Täuschungen die Rede seyn, die bei der Beobachtung der Himmelskörper vorkommen. Wenn man die Sonne oder den Mond bei ihrem Auf= und Untergange, oder auch nahe am Horizonte beobachtet, so sieht man sie weit größer, als wenn sie hoch am Himmel stehen. Daß dies eine bloße optische Täuschung ist, daß Sonne und Mond nicht wirklich größer sind, wenn sie im Horizonte stehen, braucht kaum erwähnt zu werden. Auch wäre es durchaus irrig, wenn man glauben wollte, daß diese Körper uns im Horizonte näher seyen, und daher größer erscheinen müßten. Im Gegentheile kann eine leichte Ueberlegung zeigen, daß Sonne und Mond im Horizonte wirklich weiter von uns entfernt sind, als wenn sie im Zenith stehen. Ziehen wir nemlich von unserem Standpuncte auf der Oberfläche der Erde eine Linie nach dem im Horizonte befindlichen Weltkörper, so ist diese um den Halbmesser der Erde größer als die Linie, die man von demselben Puncte nach dem im Zenith befindlichen Weltkörper ziehen kann. Bei der Sonne, die sehr weit entfernt ist, kann dieser Unterschied keine merkliche Aenderung in ihrer Größe hervorbringen. Bei dem Monde dagegen, der nur ungefähr

50,000 Meilen von uns entfernt ist, muß ein Unterschied von 860 Meilen, der schon beinahe $\frac{1}{60}$ der ganzen Entfernung beträgt, allerdings merkbar werden. Wirklich findet man, wenn man den Mond im Horizonte und im Zenith mit Fernröhren betrachtet und seine Größe mißt, daß er im ersten Falle um ungefähr $\frac{1}{60}$tel kleiner erscheint als im zweiten. Daß man aber dennoch mit bloßen Augen Sonne und Mond im Horizonte größer zu sehen glaubt als im Zenith, dafür lassen sich verschiedene Gründe anführen. Erstens muß bemerkt werden, daß unser Urtheil über die Größe eines Gegenstandes zum Theil von der Entfernung, in der wir uns denselben befindlich denken, abhängt. Da man nemlich weiß, daß die Gegenstände desto kleiner erscheinen, je weiter sie von uns entfernt sind, und daß ein Gegenstand größer als ein anderer seyn muß, wenn er in einer stärkeren Entfernung noch eben so groß als der letztere erscheinen soll, so wird man, wenn man einen Gegenstand in einer gewissen Größe sieht, aber seine Entfernung überschätzt, eben deswegen auch seine wahre Größe überschätzen, und ihn deswegen auch größer zu sehen glauben. Man hat Beispiele, daß Leute eine Fliege, die nahe bei ihnen vorüberflog, für einen großen Vogel hielten, weil sie glaubten, daß dieselbe sehr entfernt sey. Unser Urtheil über die Entfernung der Gegenstände, insofern es nicht durch mathematische Untersuchungen geleitet wird, hängt aber theilweise von dem Lichtglanze ab, in welchem uns dieselben erscheinen. Wir haben nemlich von Jugend auf die Erfahrung gemacht, daß die Gegenstände desto lichtschwächer erscheinen je entfernter sie sind; dies verleitet uns aber oft zu falschen Urtheilen, indem wir überhaupt glauben, daß glänzende Gegenstände näher, lichtschwächere weiter von uns entfernt seyn müßten. So hält man des Nachts ein Licht, das man in weiter Entfernung sieht, für viel näher, als es wirklich ist; so schätzt man die Entfernung der Gegenstände, die auf einer Decoration mit blassen Farben gemalt sind, viel größer, als die anderer, die mit helleren Farben aufgetragen sind. Nun erscheinen aber Sonne und Mond im Horizonte wirklich in einem viel schwächeren Lichte, als wenn sie hoch über demselben stehen, weil nemlich ihr Licht durch die Dünste, die sich immer nahe bei der Erde befinden, sehr gedämpft wird. Daher glauben wir auch, daß sie entfernter seyen, wenn sie sich im Horizonte befinden, und eben deswegen sehen wir sie alsdann auch größer. Es läßt sich auch noch ein anderer Grund angeben, weswegen wir die Entfernung von Sonne und Mond, wenn sie im Horizonte stehen, überschätzen. In der horizontalen Richtung nemlich befinden sich immer zwischen unserem Auge und diesen Himmelskörpern verschiedene Gegenstände hinter einander, aus deren bekannter Entfernung wir auf den großen Abstand der ersteren schließen können. Wenn sich dagegen diese Körper hoch am Himmel befinden, so fehlen alle Gegenstände, mit deren Entfernung man die ihrige vergleichen könnte, und aus diesem Grunde halten wir sie alsdann für näher.

Aus ähnlichen Gründen erscheint uns der sichtbare Theil des Himmels nicht als eine Halbkugel, sondern vielmehr als ein flaches, im Zenith stark eingedrücktes Gewölbe. Wir glauben nemlich, daß die nach dem Horizonte hinliegenden Theile des Himmelsgewölbes weiter von uns entfernt sind, als die dem Zenithe näheren. Es kann seyn, daß diese falsche Vorstellung selbst ebenfalls dazu beiträgt, daß wir den Mond im Horizonte für entfernter halten als im Zenithe. Auch die Sterne scheinen in der Nähe des Horizontes viel weiter auseinander gerückt zu seyn, als in größeren Höhen.

## Verbesserungen.

S. 19. Z. 12. v. o. statt 10,7 l. $10\frac{7}{10}$
— 34. — 1. v. o. — Mittelpunkt denkt l. Mittelpunkt, um den die Planeten sich bewegen, denkt.
— 38. — 21. v. o. — vom Brennpuncte l. vom Brennpuncte, in welchem die Sonne steht.
— 68. — 10. v. o. — 20 l. zwanzigsten.
— 81. — 2. von u. statt müßte l. müsse.
— 97. — 1. von u. statt Kepplerscheg l. Kepplerschen
— — — 2. — — — Bewegunn l. Bewegung
— 186. — 12. — — ist das Wort in zu streichen.
— 187. — 1. — o. statt ein l. kein.
— 191. — 4. — — — gesehen l. gegeben.

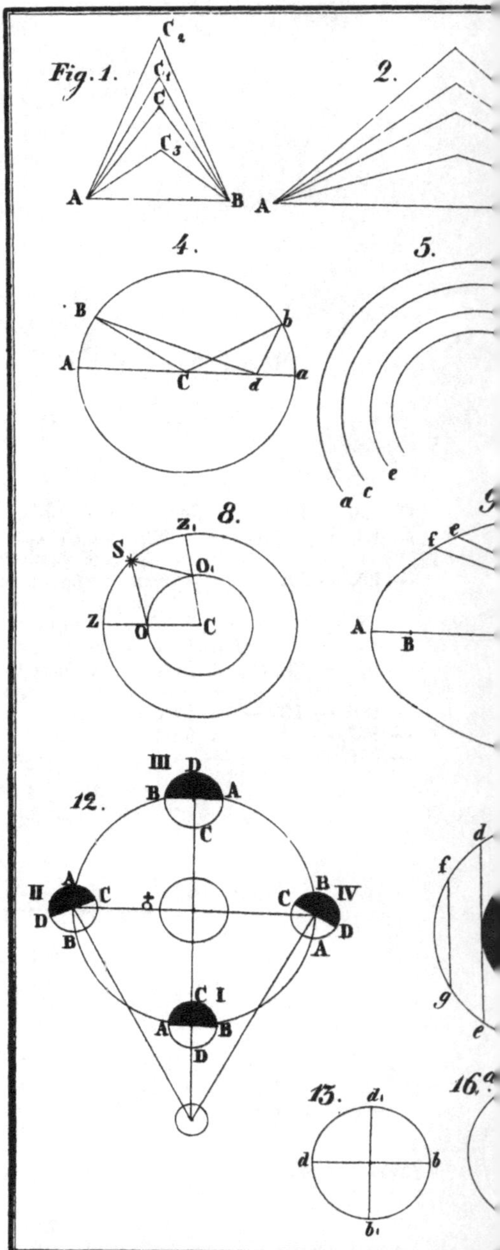


Stern Astronomie.

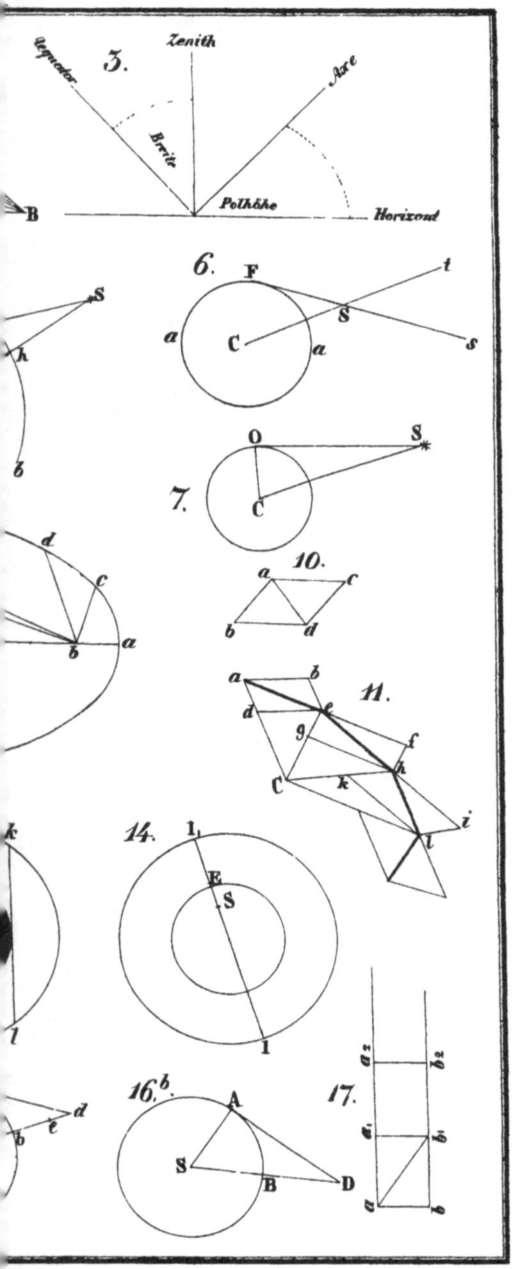

3.
Zenith
Aequator
Axe
Breite
Polhöhe
Horizont
B
6.
F
t
S
s
a
C
a
S
h
b
7.
O
S
C
10.
a
c
b
d
d
c
b
a
11.
a
b
e
d
g
f
h
C
k
i
l
14.
k
1,
E
S
1
l
16.b.
A
S
B
D
17.
d
e
b
$a_2$
$b_2$
$a_1$
$b_1$
a
b

Zeitfracht Medien GmbH
Ferdinand-Jühlke-Straße 7
99095 Erfurt, Deutschland
produktsicherheit@kolibri360.de